紹興酒革命！

100％原酒に挑む男

桑原才介
kuwabara saisuke

JN118950

言視舎

紹興酒製造の様子（第１次発酵）

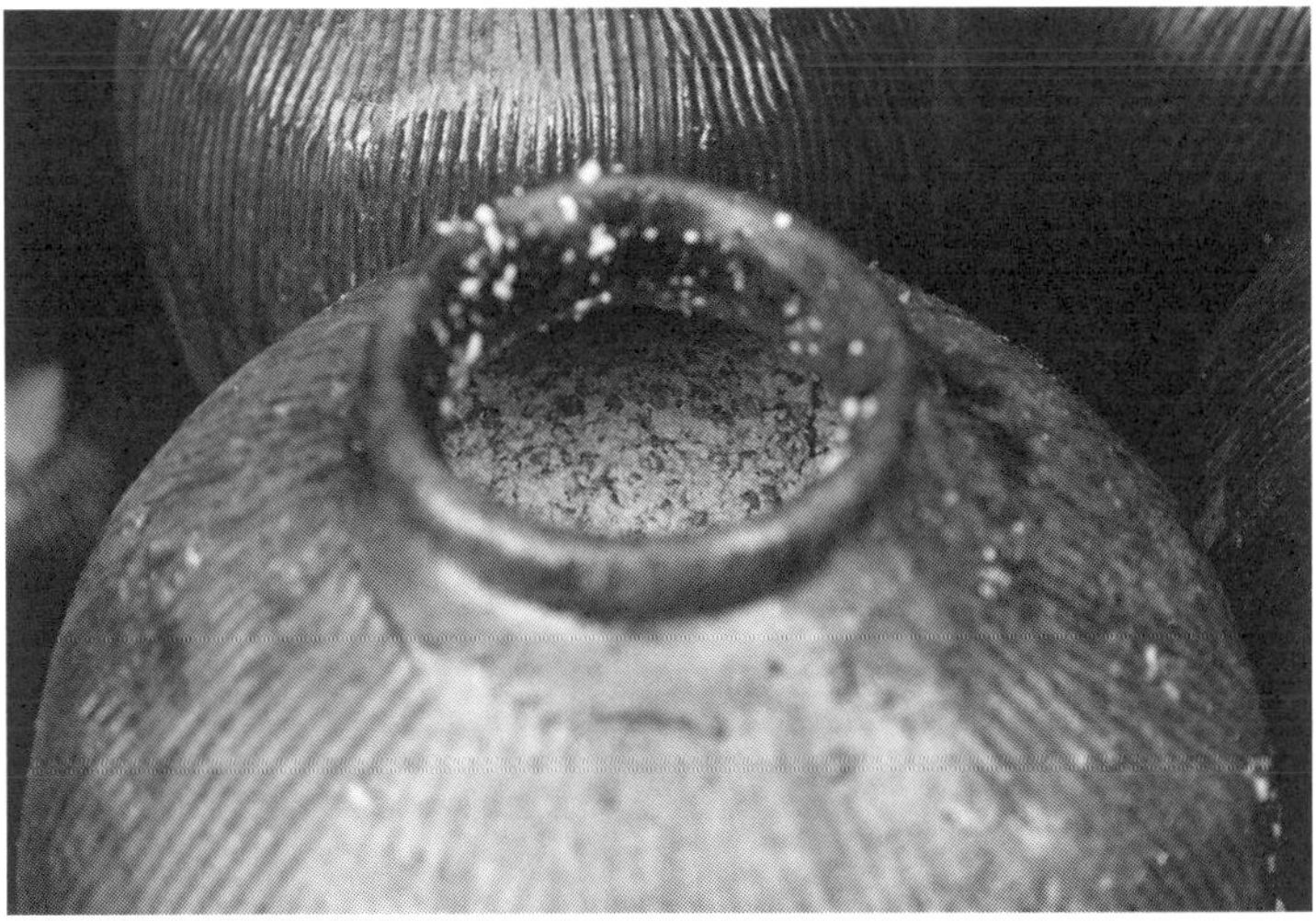
発酵させる(第２次発酵)

紹興酒をつめた甕(熟成中)

はじめに

２０１５年12月、私は興南貿易の石滋成《せきしげなり》さんに誘われて浙江《せっこう》省紹興市にある提携先の紹興酒工場を訪ねた。工場の社長、許建林《きょけんりん》さんは太った体躯をもてあまし気味に満面の笑みで我々を迎えてくれた。同行したのは２０１９年4月父親に代わって興南貿易社長に就任した次女の貞美さん、中国料理店の有名料理長、中国料理研究家、酒屋さんなど10人あまり。

今回のツアーの目的は新しい時代にふさわしい紹興酒の新商品開発であった。

ワインブームや日本酒ブームが飲酒市場を席巻して市場を大きく変化させている中で、紹興酒は取り残され、小さなマーケットの中で身動きできない状態でいた。

紹興酒の消費はほとんどが中国料理店でのもの。一般家庭では馴染みが薄いまま今日に至っている。これを何とかしたい。

80歳を超える石滋成さんはこれが最後の使命とばかり、許社長と共に今回の開発試飲会に賭けていた。

大きな体育館のような建物がいくつも並び、そこに熟成した甕がびっしりと並んでいる。

声を出すことも憚られる静謐な巨大な空間である。そこだけがゆったりとした時間を刻んでいるようで、せわしなく生きる我々を圧倒する。

そのあといくつかのサンプルを前にして試飲会。透明なグラスに注がれたサンプルを飲み比べながら、最後に石滋成さんが決定したのが「紹興老酒甕熟成10年原酒１００％」の新商品であった。２００５年立冬に仕込まれた原酒である。

コクがあってのど越しがさわやか。透明の瓶に詰めこまれた琥珀色の原酒は、見た目も品格があって歴史を感じさせる。ブレンドもの（原酒50％、残りは1～2年ものを混ぜる）がほとんどであった今日までの紹興酒の世界。そこから、もともと持っていた熟成された紹興酒の底力を石滋成は取り戻して見せた。

紹興酒革命といってもいい偉業である。

２０１５年11月に開催された料飲稲門会第一回設立総会でのこと。料飲稲門会とは早稲田大学ＯＢでつくる食、外食を取り巻くあらゆるジャンルの人たちが集うプラットホーム。私はその会長に選ばれ、懇親会にのぞんでいた。会場内を挨拶して回っているときに白髪の高齢の紳士と目が合った。誰とコミュニケーションをとっていいか戸惑っている様子であった。私はそこで初めて石滋成さんとお会いした。

興南貿易のこと、紹興酒のことをお聞きし、会場にいる人たちに紹介していったことを覚えている。そんな出会いから石滋成さんとの交流が始まった。

料飲稲門会の総会や懇親会にも何度か列席してもらったり、会食に招かれたりもした。特に会食の時には彼の過去の話をお聞きする機会が何度もあった。

少年時代のこと、早稲田大学での苦学した体験、興南貿易の紆余曲折のこと、紹興酒の販売努力のことなどを彼は身を乗り出して一所懸命に語ってくれた。

愚直なまでにまじめな人なのだなあと私はいつも感心していた。仕事以外のことは全然関心がないようでもあった。

来日したのが26歳の時。日本統治下の時に小学校で日本の教育を受けていたので日本語には苦労しなかったが、来日以来ずっと働きずくめであった。

早稲田大学に通っていた時から父親の興した興南貿易を手伝い、経理から営業まですべてをこなしていった。メンマを主力に中華食材を扱い、人との出会いにも恵まれ、販売網を広げていった。

中国からの安いメンマが市場に入ってくるや台湾メンマの市場が縮小し、業績は悪化。

石さんは思い切って紹興酒に舵を切り、他社との差別化に勝負をかけて、天安門事件さなかに単身上海へ乗り込んだ。ここでも人に恵まれ、一番味の優れている国営工場と出会い、日本総代理店に。その後、中国政府の区画整理で別の工場移転を進められた。途方に暮れ、別の工場を探し始めたときに許建林と出会う。運命的な出会いであった。許建林の人柄も、彼手造りの紹興酒の品質も大いに気に入った。

許建林との合併会社で商品を次々に開発して、高品質の紹興酒を世に送り出していった。このような過去の話を聞いていると、開発された紹興老酒１００％原酒のこの中には、台湾からやって来たこの男の父親譲りの開拓者魂が詰まっていることがわかってきた。

紹興酒の消費先は中国料理店が9割ぐらい。家庭での消費量は極端に少ない。コンビニではほとんど置かれていないし、スーパーもごく一部である。家庭で飲もうとしても売っているところが少ないので消費が伸びようがない。

バイヤーがまず紹興酒のことがわかっていない。どこのものでもいっしょだと思っている。また彼らはブレンドした未熟成の粗悪品のイメージがそのままになっていてそこで思考停止している。だから安物を仕入れることしか関心がない。

一方、良質の紹興酒の需要を拡大しなければならない中国料理店も増えていない。

特にカジュアルダイニングレベルのものが増えていない。際コーポレーションがこのジャンルを支配した時期があったが、後に続くものが見当たらない。

ショッピングモールではファミリーレストランタイプの店は健闘しているが、ディナーマーケットに弱い。唯一善戦しているのが、すかいらーくグループの「バーミヤン」だろう。

「サイゼリヤ」の100円ワインの向こうを張って100円紹興酒が人気だ。100円にもかかわらず、そのレベルの高さにびっくりする。味はすっきりして飲みやすい。

じつはこの紹興酒は興南貿易からのものだ。利幅は少ないが興南貿易としては長い付き合いのあるクライアントを大切にしている。

ワインマーケットの拡大に貢献しているバール業態では、中国料理店の世界は決定的に遅れを取っている。

80年代に火がついてブームになった台湾家庭小皿料理は、バブルの崩壊とともに一部を除いて消滅していった。バール形態としてその再現が待たれるが、コック不足で外食産業ではあまり手を出したがらない。昔は、給料が相対的に高い日本に、中国や台湾から調理人がいくらでもやって来た。うちには特級コックを雇っている、と自慢している店が多くみられた。しかし今では自国内で高給取りになり、わざわざ日本に来るものは少ない。

しかしもともと日本人の嗜好に馴染みやすい中国料理や台湾料理は、バール形態やカジュアルレストランとして発展する可能性を秘めている。

すでにそのことに気づいている若い経営者は一人勝ちして成長している。

そんな時に、安価な粗悪品ではなく高品質な紹興酒が求められる。

半世紀も外食産業にかかわってきた私は、このような店が今後街の中に根を張っていくことを確信している。

この本の主人公、石滋成は自分の生きてきた証として、おのれの開発した紹興酒がそのような広がりを見せていくことを夢見ている。私は紹興酒とともに石滋成というピュアな人間にひかれていく。彼とともに同じ夢を追うつもりでこの本を上梓することにした。

※なお、敬称は略させていただいた。

目次

第1章

頭痛に悩まされた台湾少年

メンマの生産地で生まれる

1935（昭和10）年、石滋成は台湾の南投県竹山鎮で生まれた。竹山はメンマの生産地で有名な場所だ。ちょうど台湾の中心部にあって台中と台南の間で、台中寄りにある。

このメンマで父親石啓明《けいめい》は事業を興した。もともと役所で役人を務めた人だが「富源貿易公司」を設立し、1937（昭和12）年に日本へやってきて、当時中国食材を扱っていた布屋商店に売り込んだ。メンマが初めて日本に入ってきた瞬間であった。そうやって日本への輸入業務が本格化していった。

彼は神戸、朝鮮半島、大連に各支店を持ち、メンマだけでなく貿易業務を活発にやっていた。缶詰に必要なブリキを台湾に輸出することもしていた。

また彼は1940（昭和15）年には布屋商店の上野社長の厚意で、四男石啓謀、五男石啓桑を日本に呼び寄せ、中学校の教育を受けさせている。啓桑は満洲大連で病死するが、啓謀は商業高校を出て日本に残った。

終戦から2年後の1947年（昭和22）年、父親の石啓明は大連から上海経由で台湾に

昭和 15 年撮影
前列左から２人目長男啓明
後列真ん中　四男啓謀、右　五男啓桑

戻った。
1951（昭和26）年のサンフランシスコ講和条約を契機に貿易の規制が緩和されるや、父親の啓明は1953（昭和28）年に日本に戻り、興南貿易を興した。自分は戦前のように各地を駆け回るので、興南貿易の社長に四男の啓謀を据えた。このように石滋成から見て父親は開拓者精神にあふれた人だったようだ。

さて話をいったん戦前に戻すと、滋成は小学生のころから学業もスポーツもすぐれた少年だった。小学生の低学年の頃はまだ日本統治下で、日本人の担任の先生に大変かわいがられ、先生の官舎で過ごすこともあった。日本への憧れはそのころから芽生えていったようだ。

スポーツでは100メートル徒競走、走り高跳びが得意でいつも1位を取っていた。しかし小学生6年の時、竹山国民学校を代表して県大会に出るための選考会で思わぬことが起こった。走り高跳びで勢い余って砂を囲ったコンクリートの縁石に強く尻もちをつき、意識を失ってしまった。脊髄の打撲と脳振とうということだった。

その怪我の後遺症が後に顔を出すことなど、その時は思わなかった。

中学は台南市の英国人創設のミッションスクール長栄中学に入り、優秀な生徒として過ごしていた。スポーツでは当時盛んだったサッカーをやり、作文では台南市の作文コンクールの学校代表を務めたりもした。

中学2年の時は一番頭がさえているときだったと、滋成はいつも嬉しそうに振り返る。大新聞の学生欄に月2回は投稿。それが掲載され注目される少年になっていた。

頭痛の発症

中学3年の後期に突然頭痛に襲われた。しかし病院で見てもらっても原因がわからず、頭痛の薬を飲まされるだけで一向に良くならない。

そこで猛勉強することで気を紛らわせようと高校の受験勉強に精を出した。

高校は進学校で有名な台北成功高校に入ることができた。

しかし、高校1年の時に再び頭痛に見舞われた。医者に行って検査のため脊髄から白い液体を注入してもらったが、原因はわからなかった。結局1年休学する結果になった。

中学2年頃の頭がすっきりしていた時代に早く戻りたいと焦ってみてもどうにもならな

台南私立長栄中学陸上部　後列右から２人目

省立台北成功高校３年

かった。

高校3年の頃、大学受験を控え何とか元の状態に戻してやりたいと、日本にいた父親が台湾の優れた医者を紹介してくれた。その医者は、東大教授のある論文に目をつけ、脳膜が癒着しているのでそれを剥離させる必要があると判断して、首から空気を入れる療法を採用した。しかし結果は良くならなかった。そうこうしているうちに1年の休学を余儀なくされ、高校で通算2年間休学して20歳を迎えた。

中学時代の健康な時を考えると、この頭痛さえなければ最高学府の台湾国立大学に入りアメリカに留学できたのにと自分の運命を恨んでいた。

20歳になったら兵役の義務がある。空軍予備士官兵として招集され3年間務めあげた。初めの6カ月は厳しい訓練で少しは気がまぎれたのか、頭痛への苦しみは和らいだ。金門島に赴任したのは、1日5万発の砲弾を撃ち込まれた翌年のことであった。滋成も7カ月この前線で従軍していた。

除隊した後も持病の頭痛はついて回った。

自分はこの持病のため台湾の最高学府に行けなかった、しかしこのままで人生を終わりたくない。父親譲りの開拓者精神は、日本への渡航に向いていった。

空軍予備士官学校在学中

どうしても一流大学に入って自分の人生を輝けるものにしたいという進取の精神は、やがて早稲田大学入学へと向かっていく。

しかし父親は貿易の仕事以外に、台湾で運送業の仕事もやりだした。それを手伝うように父親から言われた。しかし自分は気が向かなかった。このような仕事で自分の志を曲げてしまうわけにはいかない。

持病で後れを取り、能力は60％しか発揮されていない。どうしてもそれを取り戻したい。そのためには早稲田大学に入る道しかないと再確認した。

高校生の頃、野球場の前を通った時に中から聞こえてきた「ワセダ、ワセダ」という応援の声が耳に残っていて、それが自分を後ろから押している気がした。ちょうど早稲田大学野球部が親善試合をやっていた時のことである。

第2章

父親の事業と早稲田大学

早稲田大学に入学

運送業のほうに、ある女性が入社してきた。それが滋成の妻となる佳子だった。彼女は3社の経理を見ていた優れた能力の女性だった。

彼女ならば自分がいなくても運営は何とかなると判断した滋成は、彼女と結婚することを条件に、父親に日本行きを頼み込んだ。自分だけ居なくなったら彼女もやめてしまうし、それでは事業が成立しないからだ。

当時日本への渡航は厳しくなっていた。

そこで父親は布屋商店が招聘するという形をとって入国する手続きをしてくれた。

1961（昭和36）年8月1日に結婚式を挙げ、単身日本に向かった。8月19日、神戸に上陸。そのまま父親のいる東京に向かった。

着いたその足で父親に連れられて、肺結核で入院している四男の叔父啓謀《けいぼう》を見舞っている。

啓謀は興南貿易の社長をしていた時、1959（昭和34）年に会社の金300万円をつぎ込み、銀座で自分名義の中国料理店を開いたが、一年ももたずに撤退している。

滋成は最初の1年は月島の八幡製作所（出光石油に部品を納めていた会社）で事務員として働き、夜は代々木ゼミナールに通って、早稲田大学の受験に備えた。

1962（昭和37）年に早稲田大学第一商学部に入学した。

入学してすぐ台東区日本堤にある新聞配達店に住み込みで入り、朝晩の配達をしながら都電で大学に通った。興南貿易に呼ばれ正式に入社したのは、その年の9月のことだった。当時社長は父親の啓明、専務は啓謀だったが経営状態は芳しくなかった。

それからは学業と仕事を両立させながら生活していかなければならない苦行が始まった。早稲田大学事務局の人たちはそんな滋成の苦しい立場を見かねて、両立する方法をいろいろアドバイスしてくれた。

「学問をするときは集中しなくてはならない」ので、昼間はそれにあて、後は仕事に没頭しなさいと言われた。体育授業も、仕事に差し支えないよう、バドミントンという比較的軽い運動量の授業をとるように勧められた。

会社の仕事は輸入業務、銀行交渉、総務までフル回転でこなしていった。だからいつも夜は遅い帰宅だった。住んでいたところは世田谷区松原の本社工場の2階の3畳半ぐらい

早稲田大学第一商学部伊豆バスハイク　右

2019 年 10 月 20 日、現在も交流が続くクラス会にて　後列右　本人

の狭い部屋であった。

興南貿易で奮闘する

大学3年の時、思わぬ幸運が舞い込んできた。

通産省によるパイナップル缶詰の輸入割り当ての抽選会があった。49社がそこにエントリーした。9社が当選することになっていて、なんと滋成がその幸運のくじを引き当てた。割り当ては最初1万ケースほど。年々少なくなっていったが、この既得権は自由化まで約10年間続いた。これは興南貿易にとって社運を左右する大きな出来事だった。

デルモンテの総代理店だった三井物産は以前からの輸入枠では足らなかった。需要はたくさんあった。そこで興南貿易が輸入したものを販売することになった。

メンマと中華食材を扱う小企業なので、パイナップル缶詰マーケットを新たに作る余裕がない。渡りに船で販売を三井物産に任せることにした。

それによって、三井物産のグループとしてメンマや中華食材を販売する大きなルートを開拓することができた明治屋、三越、成城石井、三浦屋、東急百貨店など一流企業との取引ができるようになっていった。さらにニチイ、忠実屋などの大手スーパーにも卸していった。

また三井物産フェアが行なわれた三越日本橋本店、東武池袋本店、東急百貨店渋谷本店では家族総出で試食、試飲販売を数年にわたって行ない、幕張メッセで毎年行なわれる国際食品・飲料専門展示会（フーデックス）では、94年から三井物産グループとして同じように家族総出で試食・試飲を行なっていった。

内部強化を迫られる

滋成も無事大学を卒業し、興南貿易の仕事に専念できるようになったが、相変わらず八面六臂の活躍だった。世田谷・松原の工場は80坪と小さい。そこで良質なメンマをつくる仕事は父親がやっていた。専務の叔父啓謀は営業で外を飛び回っている。

したがって会社の運営は滋成一人で何もかもやっている。

1960年代から70年代にかけてラーメンブームが起こる。

味噌ラーメンのフランチャイズビジネスによる全国展開やグルメブームの中で、メディアに登場していったこだわり派のラーメン店の登場などで、このブームは日本の街の風景を一変させた。ラーメンにはメンマがつきものだ。

当然のことながら、台湾人のメンマ業者が急増して市場に乱入していった。

台湾産のメンマは地震や台風などの自然災害で値動きが激しく変動する。

さらに原料の良質のマチクを求めて山奥に入る若者が減少し、値段がどんどん高騰する。

日本の台湾人のメンマ業者は台湾で乳酸発酵し、乾燥させた輸入品を日本で加工する。

過当競争に勝ち抜くにはこの加工工程を合理化して、価格を下げなければならない。

興南貿易も1977（昭和52）年にこの過当競争のおかげで業績は悪化していった。

この年に常務になった滋成は、この状態を打開するため、まず社内で危機感を共有しようとしていった。

1979年5月25日、滋成は「業績建て直しによる緊急会議対策」という手書きの提案書を社内に出して体制立て直しを図っていった。その内容は

一、諸経費の節約とロス防止策

役員の賃金カット、役員賞与の返上、各幹部の営業経費の無駄排除、ロス管理の意識化

二、販売強化に対する方策
　各自売り上げ目標を定め、その達成率によって給与や賞与の査定基準を設ける。
　一般消費者向け小袋の販売強化、売れる食材の仕入れ努力
三、事務処理改善策
　各役員は総力を挙げて事務処理を円滑化し、売り上げ目標達成への緊張感を高め、維持すること。

最後に滋成は「会社は我々全員の生活共同体であることを認識し、全員協力して会社の発展と我々の生活水準の向上、豊かでより安定した生活ができるよう頑張ろうではありませんか」と締めくくった。この会議に出席したのは10名。全員が署名して意思を確認した。滋成の危機感とリーダーシップが強く感じ取れるものだった。
　しかし、このように内部の体制強化を図ったが、それだけでは過当競争に打ち勝つ競争力はつかないと悟った。

工場の移転問題

滋成は今の狭い工場では勝てないと判断し、工場移転を本気で考え始めた。

1979年12月5日。滋成は工場移転の推進委員長になって移転の場所を探した。府中の西部運輸の横にちょうど250坪の土地があり、規模もアクセスも良好と判断し、正式に調査を部下に命じた。そして問題なしとの結論を得た。

しかし叔父の専務に反対された。彼の自宅が上北沢にあり、今の松原の本社・工場に近く便利だからとの単純な理由からだった。

会社の経営状態からこれ以上の混乱は起こしたくないと判断した滋成は次の手を考えた。

そのころ、乾燥メンマを戻す作業に異臭が発生するので近所からの苦情が絶えなかった。滋成はこの点からもこの工場での作業は何とかしなくては、とあせる気持ちもあった。そこで打った手は、台湾の工場にこの作業を委託することだった。当時の台湾人の人件費は安かった。後は関税問題だけであった。

税関に行って事情を話し、幸い税率の安い関税を適用してもらうことになり、この問題をクリアし、メンマの生産が比較的ローコストでできるようになった。1984年10月のことであった。

しかし関税適用の可否は担当官によって違ってくる。次の担当官になるやそれは適用外になり、その分コストアップした。さらに次の担当官は適用してくれたが、その次の担当官にはダメを押され、滋成は仕入れコストが安定しないので台湾での生産委託をあきらめざるを得なくなった。

仕方なく松原の工場で生産を続けたのだが、他社が大規模な工場で最新設備を導入してコストを下げていく状態に対抗手段を持たず、業績は悪化する一方であった。

1980（昭和55）年、運転資金の借り入れに際して銀行から追加担保を求められた。専務の啓謀は自宅の抵当権を他に差しだしていたため、担保力がないことがわかった。しかたなく滋成は20年ローンの自宅を銀行に差し入れてその運転資金を確保した。その時に銀行からの条件として提案されたのは、滋成が全責任を負うというものだった。それによって滋成は社長に就任し、父親は会長に、叔父は副会長に収まった。

社長就任で新体制

そうやって新体制がつくられた。

いよいよ滋成がこの興南貿易を背負って立つことになった。

中華食材についての開拓精神は会長の父親に負けず滋成も旺盛だった。

1988年にはフカヒレスープ缶詰の開発を三井物産と行なっている。当時の三井物産担当者も同行して、マレーシアで独立し起業した元三井物産社員を二人で訪問した。

マレーシアとシンガポールを行き来しながら、理想とする工場を探し回ったが、最終的にはシンガポールのある工場につくってもらい日本に持ち込んだ。

その味がすぐ話題を呼び、明治屋ストアで取り扱い始めた。

高島忠夫、寿美花代司会で人気だった日本テレビの長寿番組（1971年1月から1998年3月）「ごちそうさま」でフカヒレスープを扱うことになった。

スポンサーは味の素一社。その味の素を担当していた三越外商部担当の横山幹雄がそのフカヒレスープを探しまわった。彼は明治屋ストアでそれを見つけた。味も素晴らしかった。さっそく輸入元の興南貿易へたずねてきた。

そこでできた三越の横山担当との関係が、すぐ後から始まる紹興酒の世界でより深まっていくことになる。

日 盛

中華材料

⑭

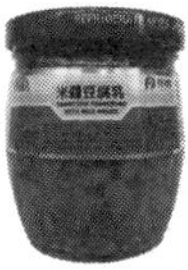

米醤豆腐乳（台湾産）
２００g
１２本×２

⑮

唐からし（輪切り）
４０g
１０袋×２

⑯

唐からし（サヤ）
２０g
１０袋×４

⑰

干貝柱
５０g
１０袋×４

⑱

八角
３０g
１０袋×４

⑲

桂皮（シナモン）
５０g
１０袋×２

⑳

ガーリックフレーク
５０g
１０袋×４

㉑

豆鼓（トウス）
５０g
１０袋×４

㉒

クコの実
１００g
１０袋×４

㉓

月桂樹（ローレル）
８g
１０袋×４

㉔

ヘルシーピータン
6個入り
２４P

㉕

鎮江香酢(黒酢)
６００g
１２本

興南貿易株式会社　東京都稲城市百村2129-32　TEL042-370-8881 FAX042-370-8882

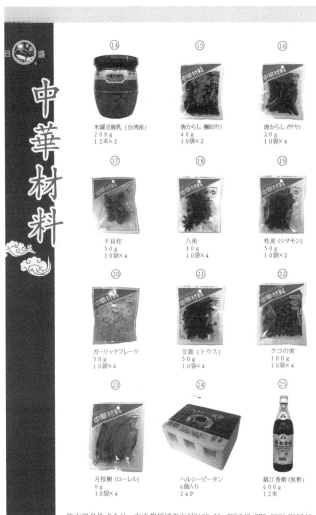

日 盛
中華材料
①
高級くらげ
300g
30袋
②
新竹米粉
300g
50袋
③
高級くらげ
80g
10袋×4
④
えびせんべい
227g
60箱
⑤
春雨
100g
30袋
⑥
干えび
50g
10袋×4
⑦
腰果
(生カシューナッツ)
70g 10袋×4
⑧
木くらげ
15g
10袋×4
⑨
ヘルシーピータン
1個
10袋×2
⑩
ザーサイ
200g
10袋×4
⑪
トウバンジャン
120g
12本×4
⑫
ガーリックペースト
120g
12本×4
⑬
甜麺醤
(テンメンジャン)
140g 12本×4
興南貿易株式会社 東京都稲城市百村2129-32 TEL042-370-8881 FAX042-370-8882

興南貿易の中華材料カタログ

第3章

紹興酒に舵を切る

酒類販売業免許を取る

滋成は仕事一筋の人間で飲み歩く遊びとは縁が遠かった。

しかしお客を接待するのには戦前からの大切な客である新宿の「東京大飯店」を使い、会食中に紹興酒を飲んでいた。しかし当時の紹興酒はすべて台湾からの輸入品。戦後台湾を支配した蒋介石は紹興酒の原産地に近い、中国浙江省寧波の出身。どうしても紹興酒が飲みたくて、にわか仕立ての職人を使ってそれを造らせた。本国とは原料の熟成度も異なるが、台湾では大変な人気だった。それを日本にも輸出していった。

熟成度が足りず、飲みづらかったので、日本では氷砂糖を入れて飲ませていた。滋成は商人の良心からそれが耐えられなかった。そこで中国の本物を輸入しようと思いだした。そのためにはまず酒類販売業免許を取ることから始めなければならない。思い立ったら行動が速い人だ。横浜中華街に行って、中国酒を5、6本買い集め、東京国税局にそれをもっていって許可申請を申し入れた。酒税課は親切に応接してくれ、この申請は北沢税務署にもっていくように示唆された。大変時間と手間を要するこの認可を、意外にスムースにとることができた。

中国物の紹興酒は、当時大阪の華僑総会の会長を務めていた江滋貿易一社のみが輸入していた。そこから輸入物を仕入れていたが、いつかは自分でやりたいと思っていた。そんな時に、あるきっかけで知り合った香港の業者から、並行輸入で中国産のものを輸入することができた。

初年度の1988（昭和63）年には3000ケースを仕入れ、販売につとめたが、成績は芳しくはなかった。

味は台湾物より数段勝ってはいたが、蓋があかなかったりして、いろいろな苦情が絶えなかった。次の年には発注を控えた。発注がないので香港の業者が催促してきた。

滋成は事情を話し、工場に行って事情を確かめないと、これ以上の取引はできないと突っぱねた。そこで香港業者の申し入れがあって1989（平成元）年7月、上海で落ち合い「上海大廈」で話し合うことになった。

しかしちょうどその年、6月4日に天安門事件が勃発し、中国全土が混乱していた。滋成は上海から紹興の工場にまで行けると期待したのに、香港の業者は、危険で生命の安全が保障できない、サンプルをホテルに届けてあるので検品してくださいと言う。がっかり

1989 年天安門事件の翌月、本物の紹興酒を求めて初めて上海の地を踏んだ

宿泊先　ホテル上海大廈

して翌日上海を後にした。

国営工場との出会い

その時の香港の業者との話し合いの中に、上海の趙開泉さんがいた。彼が滋成にとって運命の人になっていく。

帰国後、彼からの手紙が届いた。「もしあなたが本気で紹興酒を扱いたいならばすぐ手紙をください」との内容だった。滋成にとっては天からの手紙のように思えた。

即刻手紙を書き、新宿KDDに行って電報を打ってもらった。

趙さんはその素早い滋成の反応に感動し、そこから文通が始まった。

意気投合して2カ月後の10月18日に再び上海の土を踏み、趙さんと再会。翌日の19日に2人は朝一番の列車で紹興に向かった。

当時紹興には国営工場が3つあった。

紹興釀酒総公司（古越龍山）

沈永和酒廠

紹興酒沈永和酒廠へ、翌日販売権を獲得

黄工場長との歴史的出会い　1989 年 10 月 19 日

東風醸酒公司

滋成は趙さんの推薦もあって、３つのうちで一番品質が良く３３０年余の歴史を持つ沈永和酒廠を訪ねることにした。そこで黄洪才《こうこうさい》廠長と会うことができた。工場内を見学させてもらい。甕から熟成された紹興酒を試飲してみた。その味は今まで滋成が求めていた、伝統に裏打ちされた素晴らしいものだった。これだ！と滋成は心の中で快哉を叫んだ。

翌日、黄廠長は文書課長を伴い、宿泊先である紹興飯店を訪ねてきて商談に入った。そこでこの歴史ある国営工場の紹興酒の日本総代理店の調印をした。興南貿易にとっても歴史的な出来事であった。

日本に帰ってきた滋成は、これで会社の劣勢を挽回できると自信を取り戻していた。会社にも活気がみなぎりだした。

滋成は5年もの、10年ものを瓶詰したまま輸入していたので味には自信があった。メンマや中華食材ですでに築いてあった販売ルートにこれを乗せていった。大変評判がよく、月に３０００ケースを売りさばいていった。

１９９０年6月、石滋成は10名を引き連れて工場の見学を行なっている。

問屋や酒屋の人たちに、紹興酒が現地でどのように造られ、熟成されているかを直接見て知ってもらうために招待したものだ。生産地にお得意様を連れていくという例は日本ではなくはないが、浙江省の紹興の工場にまで10名もの人を連れていくという発想は石滋成ならではのこと。この現地ツアーはその後毎年のように行なわれ、コアになるファンを増やしていった。

この年、フカヒレスープ缶詰で知り合った三越外商の横山担当と新宿歌舞伎町に以前あった「宝来飯店」で会食する機会があり、持参した5年物を試飲してもらった。たちまち横山担当は気に入り、輸入元は興南貿易、販売元は三越ということで合意した。10年物のラベルは横山担当の意向で日本橋三越店内にある天女像を模して作った。

1993年3月、国営沈永和酒廠から合併会社の申し入れがあった。

鄧小平が改革開放政策を打ち出したのが1978年のことだった。そこでは先進国の資本（外貨）を積極的に導入することが奨励されていた。沈永和酒廠からの申し入れもその国策に沿ったものだった。

滋成は単なる輸入業者から、中国国営工場の経営権の一部を持つ立場につくということは企業の安定にもメリットがあると判断し、この申し入れを受けることにした。

紹興酒の最高峰
紹興老酒
紹興市鑑湖の水質と伝統の技が本物です。
創業1664年紹興酒の本場・中国浙江省紹興市の鑑湖に隣接する沈永和酒廠が、320余年の祖伝秘方の本物の「紹興老酒」をお届けします。
花彫紹興老酒と言えるのは、三年から五年の熟成期間を経て完熟したものをさします。
紹興沈永和酒廠の花彫紹興老酒はその期間を経、完熟した後に二度ごしをするという他社とは違った方法を用いているので純度が高く、口あたりがまろやかな故、おいしさの頂点を極めることが出来ました。
容量640ml（アルコール度数18°）
容量1、800ml（アルコール度数18°）
創業1664年　沈永和牌
TRADE MARK
花雕
紹興老酒
発売元 株式会社三越
〒103 中央区日本橋室町1-4-1 電話(03)277-9242
三越ブランドで販売

合併会社の名は永盛酒業有限公司。資本金は315万ドル。先方が215万ドルで、興南貿易が100万ドル。しかし先方の215万ドルは商標権がそれにあたると主張し、現金は興南貿易の100万ドルだけであった。董事長は沈永和酒廠の黄洪才廠長が、副董事長は興南貿易の石滋成社長が就任した。

しかしこの100万ドルというのは興南貿易にとって社運を賭けたといってもいい高額である。大和銀行に融資してもらい、滋成は自ら日銀に赴いて支払った。

おかげで紹興酒の売り上げは順調に伸びていった。

1993年6月、新宿センチュリーハイアットホテルでこの合併会社設立パーティーが黄厳長を招いて催された。中国関係者、得意先220名が集う盛大なパーティーであった。滋成はあいさつの中で、本場紹興国営工場の商品の評判がよく、紹興酒のイメージを高めていること、建設中の合併会社の新工場はフランスの最新鋭の機械を導入して瓶詰の一貫生産を可能にしたもので年間130万ケースの出荷能力を持つことなどを披露していった。

翌年の1994年には第4回の現地視察ツアーを行なっている。

滋成は、またこの紹興酒を全国を飛び歩きながら売っていった。

許建林との運命的出会い

10年後の2003年1月、突然合併会社の親会社沈永和酒廠から、区画整理に関する合同会議の要請があった。

中国は改革開放政策により空前の発展を成し遂げた。特に建築業のブームはすさまじい勢いであった。紹興市政府は沈永和酒廠の広大な敷地に目をつけ、マンションを立てることにした。そのため330年以上の歴史を持つ沈永和酒廠を解体撤去、興南貿易を他の工場に移すよう命じた。

石滋成が途方に暮れたときだった。

ある友人から私営企業の白塔醸酒公司の許建林《きょけんりん》総経理を紹介された。

3月に滋成は許建林の工場を訪ねた。彼は一目見て許の人柄と風貌に親近感を持った。

許建林は1959年紹興市で生まれた。石滋成とはちょうど二回り若いが、貫禄十分で自信にあふれていた。「父親は会社の経理担当者で、母親は裁縫職人。母親は謙虚で厳しく、父親は勤勉向学の家風の中で育てられました。それが好奇心と欲求旺盛な己をはぐくんでくれたと、感謝しています」と語っていた。彼は地元の名産、紹興酒に大変興味を持ち、紹興樹人中学校の教員の職を2年間勤めたあと、1975年、国営紹興酒メーカーでは一番大きな古越龍山に入社した。ここで自分の将来の事業を開拓したい思いを抱いていた。そのため紹興酒の醸造技術、歴史を丹念に勉強していき、醸造技術、発酵、微生物の理論と実践を習得。製品完成までの工程をしっかり研究して身につけていった。

入社して13年後の1998年、紹興市営白塔醸酒廠公司（1964年創業）を買収し、私営企業として独立した。

技術革新と経営の合理化を推進して、2000年には紹興黄酒行業協会から優良紹興酒生産企業の一社に選ばれた。

許建林も石滋成同様、紹興酒の進化を絶えず考え続けていた。想いは同じだった。2人で新しい道を切り開く自信と信頼が作られていった。

工場の中を案内してもらい、はるか遠くまで整然と並んで熟成を待っている甕から紹興酒を試飲させてもらった。味はすっきりして素晴らしかった。製造過程で残留する澱を除去することに成功した結果、色も琥珀色で透明感がある。

彼とならやれると判断して滋成は合併会社を構想していった。

ただ今までの客は沈永和酒廠の工場でつくった5年もの、10年ものを好んだ。したがってこの二つは同じ味のものをつくるよう滋成は許建林に要請した。さらに両社で新商品をつくることにも合意した。

3年もの、8年もの、12年もの、20年ものをラインアップに加えることにした。

許建林のつくるものは、透明感があってスッキリ感がある。それならば透明な瓶がいいと判断して新商品の構想は固まった。

限りなく本物へ、という志向は滋成が許建林に求めたもの。他はほとんどが50%の原酒を若い酒とブレンドする。この合併企業では原酒80%は守ろうと取り決めた。

許建林

これらのことを実現するために新工場を目の前の敷地につくることも取り決めた。

滋成は沈永和酒廠に合併会社をつくるために投資した

１００万ドルのうちの70％が返済されたので、それを新工場建設の資金に投入した。

この年２００３年の９月25日には新会社「紹興日盛酒業有限公司」が設立された。董事長には許建林、副董事長には石滋成が就任した。

それに先だって９月12日から15日にかけて３年物から20年物までの甕に眠る原酒を試飲する味鑑定のツアーが組まれた。

11月13日にはその設立記念パーティーが東京全日空ホテルで取引先を多数招いて盛大に催された。許建林も無論主賓としてその場にいた。

彼は日本を何度か訪れていくうちに、すっかり日本を気に入ってしまった。だからこの国で最も信頼する石滋成と共に紹興酒の文化を創り上げることに誇りをもって会場を眺めまわした。彼は「清潔な道端を歩き、美味しい日本食をいただき、親切な数多くの日本人と接していると、心が温かくなっていくのですよ。まるで熟成した一杯の紹興酒を味わっているような気分になりますね」と石滋成につぶやいていた。

翌年２００４年11月15日、合併会社の新工場が完成し、その完成披露パーティーに得意様30名を招待した。

合弁会社の前身　工場の風景

工場完成祝賀会の日に醸造したものを一人一甕贈呈

その日に醸造された30甕には参加者の荷札がつけられ、50年後にそれを無償で提供するというものだった。しかし参加者の中にはそれまでは待てないという声が上がり、5年後になってそれを輸入したうえで興南貿易から各自の自宅に届けられた。

当時すかいらーくの常務として参加していた姫野稔は、定年退職の時に、瓶詰めにして（その場で甕から瓶に移し替えていたのは石貞美であった）、世話になった社員に配った。

そうやって石滋成の想いは紹興酒を通して、熟成を待つように伝えられていく。

新社屋が完成

２００８年になると、紹興酒の売り上げは、原酒80％のクリアシリーズが着実に業績を伸ばし総売り上げの50％を超え始めた。松原の本社では配送問題が限界に来ていた。

数年前に東京都稲城市に土地を購入し、新たな社屋の建設にはいっていた。京王相模原線稲城駅から徒歩20分、稲城インターチェンジから車で7分という好立地。配送センター兼備の新社屋が２００８年8月に完成した。

これまで2カ所に分散していた倉庫も1カ所に集約できたことで、受注から配送までの時間が大幅に短縮されていった。

10月7日にウェスティンホテル東京の「龍天門」で、得意先約100名を招いて完成記念パーティーが催された。この時の料理は大評判で、石滋成も佳子も絶賛した素晴らしいものだった。

第5章で後述する陳啓明料理長だが、彼をして「一世一代の仕事をした」と言わしめる料理をそこで開陳したのである。

第4章

100%原酒紹興酒を掘り起こす

資本を引き揚げる

原酒80％の紹興酒は好評だった。50％の原酒をベースにブレンドしたものを原酒として売っていた他の企業のそれとははっきりとした差別化ができていった。

2013年3月19日に紹興日盛酒業有限公司の臨時株主総会が紹興の工場で催された。石滋成と、先方は許建林とその幹部数人。

許建林から提案された内容は、上海では大手食料品メーカーによって許建林経営の紹興白塔醸酒有限公司が買収された、先方から外国資本はいらないから、合併した紹興日盛酒業有限公司は解散し、興南貿易には手を引いてもらってくれとのこと。

せっかく許建林と手を組んでやって来た紹興酒事業。クライアントもこの良質な商品に馴染み、順調に売り上げを伸ばしてきた。それが半ば国策としてその関係が断ち切られるのは石滋成にとっては驚きだし、途方に暮れた。さっそく他の工場を探さなければならないと思った。

その年の7月26日、大手食料品メーカーの幹部が買収後の細かい打ち合わせのために、許建林を訪ねて合同会議を持つことになった。

ちょうど石滋成はこれからのことを相談するために許建林を訪ねたところであった。そこで大手食料品メーカーの幹部に、許建林から石滋成が紹介された。

石は合併してからの10年間の成果を熱を込めて語った。

相手は石滋成の実績と経歴を知って態度を変えていったようだ。その結果、その会議で、資本関係がなくとも今まで通りの取引を続けていくことが確認された。

マザー牧場の木の下で語り合う

2015年10月、石滋成は許建林を日本に招いて、紹興酒の将来について忌憚のない話し合いを持った。旅先のマザー牧場の木の下で約2時間もの間真剣な討議が行なわれた。

紹興酒をめぐる環境は年々悪くなるばかりであった。

ワインブームが続き、輸入ものの安価なワインがコンビニにも並ぶようになった。ポリフェノールが多く含まれる赤ワインは健康志向の女性たちに人気だった。

出荷量が年々減っていた日本酒も、若い蔵元の努力が実って、こだわり派の日本酒ファンを増やしていった。そんな状況の中で、紹興酒の世界は相変わらず酒類消費量全体の1％の世界をさまよっている。このままいくとそのシェアはもっと少なくなっていきそうである。

そこで手をこまねいていないで、2人で何とか新商品を生み出して、市場に刺激を与えていきたいと確認しあった。

石滋成には、許建林の工場にある20万甕の在庫がいつまでも脳裏に焼き付いていた。決定的に差別化できる可能性はこの在庫の中にあるはず、と彼は考えていた。

このマザー牧場の話し合いが発火点となった。

新商品は必ず成功させるという決意を、11月18日に関係各位に伝えていった。

それは以下のような内容だった。

紹興老酒・新開発の真の狙い

紹興酒はブレンドして仕上げるお酒です。

工場には3年ものから50年ものまで在庫が数万甕あるので、その原酒と原理を駆使して、最高の味を造り出すことは不可能ではないと私は考えております。

中国人は、古来の技法をかたくなに守っている為、それを進化させようという研究心に欠けています。

これからワインが安く大量に日本市場を席捲する。また日本酒の蔵元も最近の日本食ブームに乗って、お互いに情報交換して新しい味の探求を進めており、特に女性が日本酒ブームを興しているように感じます。

有名な学者（北京大学教授、のち米国移住）胡適博士は、私が中学2年生、今から60数年前、台南市体育館で市民及び学生に講演会を行なったことがありました。

その時の〝大胆的仮説、小心的求証〟（大胆に仮説を立て、細心の検証をする）の言葉は今でも新鮮に脳裏に残っております。

今回はその言葉をスローガンに、許総経理の行動力に期待して新商品を完成させたいと強く願っております。ラグビーの五郎丸が新しいラグビーブームを引き起こしたように弊社も新しい紹興酒ブームを起こしたいと思います。皆様の知恵とお力を拝借したい。

以上宜しくお願い申し上げます。

２０１５年11月18日

興南貿易株式会社

代表取締役　石　滋成

この新商品予告はいかにも石滋成らしい。大胆にイメージしたものを追いかける迫力は成功者特有のもの。

新商品開発に踏み切る

2015年12月4日に日本を発った商品鑑定一行12人は、上海を経由して紹興に入り、許建林の歓迎を受けた。私もその一行に加わらせてもらっていた。

ウェスティンホテル東京の「龍天門」料理長の陳啓明、中国料理研究家の茂手木章、取引先の酒屋「西彦商店」社長の西村利彦、京都中国料理「大鵬」の渡辺幸樹社長、富源来の高島正秋社長などが加わっていた。

工場内には大きな体育館のような建物がいくつかあり、その中にも外にも紹興酒が詰められた甕が並べられている。何層にも積み重ねたものもあれば、平面的に並べられたものもあるが、その数の多さに圧倒される。しかもすべてが熟成を静かに待っていて、静謐な空間をつくりだしている。日本酒の蔵の熟成タンクや、ワイナリーの熟成タンクを見慣れているものには異様な光景だった。半世紀前ごろになるだろうか、解放直後の沖縄に行ったとき訪れた泡盛の製造現場も熟成を待つ甕が並んでいたが、甕の大きさも、数量も比較にならないものだった。

翌5日、工場内会議室で新商品に関する品評、鑑定、選定の会議がもたれた。

しかし、マザー牧場で話し合った際、許総経理に依頼してあった4つの新商品案はどれも力作だが、みなブレンドしたものだった。これで果たして差別化が可能だろうかと石滋成は首を傾げた。

石滋成も、後に社長になる娘の貞美も真剣であった。それを許総経理がじっと見守っていた。私も紹興酒に関してキャリアがあるほうではなかったが、石親子の鬼気迫る試飲の姿に圧倒されて、集中力を高めて試飲に参加していた。

そんな時に、陳料理長が甕に入った10年の熟成ものと比べてみたいと言い出した。

一行は倉庫に行き、甕の中の熟成した原酒の試飲をすることになった。

試飲をした瞬間、陳料理長はそのコクのある旨味とのど越し、すっきりした後味に驚き、その場でその甕を購入することを決め、紙に「龍天門」と書いてそこに張り付けてしまった。

陳料理長はこの工場には何度か石滋成と訪れ、その度に甕ごと買い取りたいと申し入れていたが、許建林は承知してくれなかった。それは甕ごとだと、日本で開けた場合、万が一劣化していたら取り返しがつかない、信用を失うと許建林が思ってのことだった。しか

新開発甕熟成 10 年原酒試飲鑑定会

最後の新製品開発、他社にできない原酒 100% を獲得

し陳料理長とは何度も会い、忌憚のない意見を交換していたなかで、いつの間にか信頼関係が結ばれていた。その場ではやむを得ないという感じであった。

石滋成はその瞬間、彼の100％原酒を商品化するインスピレーションが働いたようだ。紹興酒業界では誰も考えつかなかったことを思いついていた。むろん許建林もその時でも原酒にブレンドするという発想しかなかった。

やがて石滋成のジャッジが下された。陳料理長が工場内で試したものに勝負をかけた。100％原酒の誕生だった。

新商品「紹興老酒甕熟成10年原酒100％」は、2005年立冬に仕込んだ原酒300甕を瓶詰で出す、という決定がなされた。

日本に帰ってさっそく、瓶のこと、ラベルのことが煮詰められていった。ラベルは許総経理からも案をもらったが、最終案は石親子2人で煮詰めて決まった。

翌2016年3月25日には、朝礼で全社員に新商品完成の経緯、その意味を説明し、今後の進め方について提案していった。4月5日には新製品開発完成・ご愛顧感謝の会を、ウェスティンホテル東京「龍天門」で52名の列席者を集めて開催した。

許総経理の工場からは熟成10年100％の紹興酒であることの証明書も届いた。

「龍天門」を貼った甕

新商品鑑定一行 12 人で品評中

挨拶に立った石滋成の言葉の中に、この新商品の持つ大事な意味が込められていた。

その挨拶の内容は以下のようなものだった。


ご承知のように紹興酒はほとんどブレンドものです。

仮に「10年もの」と称するものは、10年物が50％、残りは3年か5年をブレンドして出来上がったものです。これは業界の慣習です。

弊社は民営企業と合併した当初から、もっと美味しい紹興酒ができないか研究した結果、原酒80％のクリアシリーズを開発しました。

見てスッキリ、飲んでスッキリの美味しい紹興酒ができました。それは取引先の皆さんにも高い評価をいただいております。

しかし、これからTPPの問題で安くて大量のワインが日本に入ってきます。また日本食ブームで日本酒も復活しました。せっかく20数年間、紹興酒に対する今までの悪いイメージを払拭できつつあるのに、こういう状況では紹興酒は消えてしまいます。

この危機を打開しなければ生き残れません。

そこで私は考えました。合併した自社工場に20万甕の在庫があるのにどうしてそれを活用しないか。それを考えているときに去年10月許総経理が東京にやって来ました。

私は千葉県のマザー牧場に連れていき、大変すばらしい景色の木の下で、清々しいそよ風を浴びながら2人で紹興酒について2時間話し合いました。

結論として私の主張する差別化ができるもう1種類の紹興酒を開発して紹興酒に対するイメージを高めて発展のキッカケをつくることに合意しました。そして4種類の試作品を造っていただき、12月5日に日本から8人の専門家を中国の工場に招いて試飲鑑定をしました。しかしブレンドものですから、差別化には力不足と思いました。

紹興老酒甕熟成 10 年原酒 100%

工場見学の時に、陳料理長が倉庫にある甕からその味にほれ込んだものを開けて試してみたいとの提案がありました。ブレンドしたものと比較して飲んでみたら素晴らしかった。そこで私はヒントを得て原酒100％の紹興酒を新製品として開発しようと決意し、工場の同意を得て開発することにしました。

これからの紹興酒をお届けしたい、皆様のお力をお借りして日本市場に紹興酒の新風を吹き込み、業界の発展につなげたいと考えています。

力強い挨拶だった。参加者もこの新商品が生み出された経緯、石滋成の覚悟がよくわかった。石滋成がその100％原酒にこだわる姿勢の中に、この酒の持っている原点に立ち返ろうという気持ちが働いていた。彼がそれを説明するときにいつも持ち歩いている「紹興酒とは何か」という説明書きをそのまま載せておこう。

紹興酒には歴史とストーリーがあります。

その昔、紀元2千年前の春夏戦国時代、あるオヤジは男の子が欲しかったが、生まれた子は女の子でした。オヤジは怒って紹興酒を甕ごと土の中に埋めてしまいました。

やがて娘は成長し、お嫁に行くことになりました。ふと昔、土の中に埋めてあった紹興酒のことを思い出し、掘り出して来客に飲んでいただいたところこれは素晴らしい、こんなに美味しいお酒は飲んだことがありませんと絶賛。紹興酒はこうして広がったのです。

このストーリーはたちまち広がりましたが、ではなぜ美味しいのか、後でわかったことですが、これは長年熟成した混ぜ物がない原酒１００％の紹興酒だからです。

そのため各家庭では娘を生むと紹興酒をつくって甕ごと土の中に埋める習慣が広がったのです。

しかし、その後、商売人は利益優先で原酒50％、残りは年数の浅いものを混ぜて販売しておりました。この商習慣は今日まで続き、日本で流通している紹興酒はほとんどが原酒50％の紹興酒です。我々は当初から知らずに混ぜ物を飲まされたのです。

では、昔のような紹興酒はもう飲めませんか。いいえ、本来の味を取り戻すことです。

それは完全に熟成した原酒１００％の紹興酒なのです。

この石滋成の説明は、このほどの新商品を印象付けるためのキャッチコピーではない。彼が本気でそう信じ、その源を探り当てる情念の発露といっていい。

私も彼と知り合ってから何度もこのことを聞かされた。伝説ともいえるその源を愚直に追い続けるその姿は、現代人が忘れ去ってしまった潔い姿である。また熟成という価値がその姿を通して誠実に我々に伝えられてくる。

反響がすごかった

マスメディアも反応した。業界新聞3社と週刊新潮(5月19日号)が記事を掲載。

中国料理店「銀座アスター」の反応も早かった。興味ある旨の連絡をもらい、4月21日に石滋成は貞美を連れて直接訪問し、今後の取引の打ち合わせに入っていった。

そのことをさっそく許建林に伝え、狙いが間違っていなかったことを確認しあった。

吉祥寺の有名中国料理店「竹爐山房」の山本豊オーナーシェフは、ワインにも詳しく研究熱心な人でワインセラーまで持っている。このカリスマシェフも興南貿易が新提案した紹興酒を絶賛。常連客が喜んでいることが報告されている。

5月には渋谷のセルリアンタワー東急ホテルで催された中国料理美食展では、宝酒造、永昌源（キリンビール）とともに興南貿易が参加し、この熟成10年原酒100％が大人気になり、数社からすぐ取り扱いたいとの要望をもらった。
6月には京都の中国料理店「大鵬」、大阪のリッツカールトン大阪「中国料理　香桃」でイベントが行なわれ、これも大反響を呼び、どこで買えるのかの問い合わせが殺到した。
8月に「南国酒家」原宿店で「第五回紹興酒の夕べ」が3日間にわたって催された。10年物を競い合う会で4社がその真価を試された。
出品された商品は、
塔牌純10年瑠璃彩磁（宝酒造）
古越龍山陳10年（永昌源［キリンビール］）
紹興老酒・甕熟成10年原酒100％（興南貿易）
女児紅10年（女児紅）
である。

※中条商事株式会社グループ中国飯店では、興南貿易の紹興酒はプライベート・ブランドとして提供されている。1　三田店（港区三田）2　富麗華（東麻布）3　市ヶ谷店（九段）4　琥珀宮（パレスホテル東京）5　麗穂（名古屋ミッドランド）6　潮夢来（東新橋）7　倶楽湾（芝浦）8　六本木店（西麻布）9　紫玉蘭（東麻布）10　小天地（西麻布）。

社長交代、貞美が新社長

2019年1月31日、石滋成は社長を次女貞美に譲った。

かねてから予想はされていた社長交代だったので、ごく自然な成り行きだった。貞美は長い間、営業には必ず滋成に伴われて行動を共にしていたので、顧客管理もしっかりしていた。父親同様、いつもお客の立場に立つことを忘れなかった。

貞美は小学校から短大までを桐朋学園で学んでいるが、校風と友達に恵まれ、豊かな感性をはぐくんでいた。小学校では、毎日のように宿題に出された作文で表現力を養い、テストは漢字と算数のみ、そして高校までの12年間は通信簿もなかったという自由な校風は闊達な女性をつくりあげた。何より良い友達に巡り合えたという事実は、とかく厳しい経済環境の中で落ち込みそうになる彼女を救った。

短大を卒業した後、台湾に1年間語学留学して北京語をしっかり身に着けた。帰国後すぐ興南貿易に就職。長い間経理にたずさわった。

幼少から会社で父親が苦労している姿をずっと見てきた。会社の経営がうまくいっていないことを子どもながらに感じ取り、父親の踏ん張る姿を見ていつも尊敬の念を抱いていた。

じつは父親想い、会社想いはその時に始まったことではなかった。

三井物産グループとして中国食品フェアの時には小学生6年のころから興南貿易のブースで家族と共に販売の手伝いをした。会社の実情を、父の苦労している姿から感じ取っていた少女期の彼女にとってそれは当たり前の行動であったようだ。

石貞美

この少女は父親のため、会社のためを思い、自らの生活を抑制する習慣が身についていた。ファミリーレストランが急成長していた1970年代、甲州街道沿いにあった「すかいらーく」に父親は時々連れて行ってくれた。家庭の温かさをたとえ貧乏しても忘れてはいけないという彼の家族への愛情からであった。

しかし貞美はその時も決して贅沢はしてはならない、父親に負担をかけてはならないと自分に言い聞かせ、一番安いメニューをオーダーするのが常だった。

父親はそのことに気が付いていたのだろう。ある時、貞美に注文したものより値の張る料理を勝手に注文していた。いざその料理が来た時、貞美はこの料理は注文したのと違うと言い張り、いいから食べなさいという両親の言葉をさえぎって、泣きわめいていた。

彼女はそんな気持ちを以後ずっと持ち続け、一心不乱に働いた。


滋成から「営業に行け」と言われたのが37歳の時。その時声をかけてもらった明治屋商事（現在三菱食品）の社内展示会に出かけ、興南貿易のコマにたった。その時、都内にあるレストランの調理長と初めてお会いし、展示していた腐乳に関心を持っていただいた。

さっそくその店を訪れ、腐乳ではなく、紹興酒の営業をかけた。当時の支配人は紹興酒が大好きな人だった。持ち込んだ興南貿易のものに大変興味を持たれた。

近くの百貨店で行なわれた中国物産展で、興南貿易は紹興酒の量り売りをして、その商品のすばらしさを訴えた。それを瓶詰にして貞美はお店に持って行き、試飲してもらった。支配人も店長も大変気に入ってくれた。それまでは甕も瓶も他社のものを扱っていた。それを替えることは容易なことではない。彼女は相手の求めているニーズにこたえようと努力した。使用していたグラスが割れやすいのを知るや、さっそく河童橋まで行って丈夫なものを買い込み届けた。

相手の欲求を的確に拾い上げる貞美の企業努力に感激して、甕だけではなく瓶も切り替えることに同意してくれた。彼女の初めての営業はそうやって成功していった。

その後の営業活動も一人で飛び込み、じっくり相手を説得していくスタイルをとり続けた。

例えば都内某繁盛店、A社のものを使っていて最近B社に替えたばかりだ。店主はそんなに簡単に替えるわけにはいかない、B社への義理もある、と言って断った。しかし貞美はこの店こそ興南貿易のものが合うと確信してその店に通い詰めた。カウンターに座って食事することもしばしばだった。

その結果、8カ月たってやっと興南貿易のものに切り替えてくれた。

飯田橋にある餃子の繁盛店の時もそうだった。

2013年のこと。吉祥寺「ハモニカキッチン」の手塚一郎に以前から餃子はここが一番といわれていて、石滋成とセミナー帰りに立ち寄った。帰りに何気なく名刺を店長に渡し「後日商品の案内に参ります」と伝えた。その時の店長は愛想がよかった。じつはすでに取り扱っているメーカーの営業の人かと勘違いして愛想よく対応してくれたのだが、貞美はそんなこととは知らず、1週間後気分よく営業に入った。事情を知った店長はそれでも話をよく聞いてくれ、関心を持ってくれた。

「売れるようにするためにキャンペーンを打ちましょう」と逆に提案をしてくれた。

時期が3月で花見の直前。飯田橋の外堀は花見のメッカ。お酒を飲んでくれた人に抽選会を行ない、当たった人に興南貿易の紹興酒を1本サービスするというもので、ポップも作ってキャンペーンを展開。しかもこの紹興酒は協賛ではなく、お店が買い上げたものを使った。

そんなところにもこの店の毅然とした営業姿勢が見て取れる。

その時から取引はずっと続いている。

2019年3月22日には「社長引退と後継者就任・感謝の会」がウェスティンホテル東京「龍天門」で催された。貞美は、いつかはそうならざるを得ないだろうと覚悟をしており、会場に招かれた人も当然のようにこの門出を祝った。

貞美は父親の苦労している姿を見ていたし、商品にも人にもいつも全力で立ち向かっているその生きざまも見てきた。だから父親が売るものは自信をもって売ることができる。

そんな貞美だから、その価値をわかる人だけをしっかり開発していくことが自分のスタイルだと信じている。売り上げを伸ばすのは言うまでもなく重要だが、だからといって無理に営業するよりも、信頼しあえる人を相手にしながら着実に成長することを彼女は目指している。フォーカスマーケティングを父親譲りの感覚でしっかりとやってのけている。

彼女の営業は興南貿易の紹興酒の味に惚れ込んでくれるシェフからの紹介が大変多いようだ。味に共鳴する同士が横につながっていくので、商談にも時間がかからなくなっていく。彼女は父親の残した轍を悠々と踏みしめ、前に向かっている。

第5章

素晴らしいクライアントに囲まれて

「私は60％の能力しか発揮できなかった」と時折過去を振り返る石滋成だが、彼と彼が開発した紹興酒と長く付き合ってきた得意先の皆さんはそんな自己評価を信じない。むしろ逆だ。

もともと持っていた人格、能力はこの日本の地において存分に開花し、彼を取り巻く人を魅了していった。

特に仕事熱心、人を裏切らない、約束を守るという彼の変わらぬビジネスマインドは誰もが称賛する。すでに忘れてしまった日本人の持っていた美質をしっかりと持っている。〝もの〟には心が付随している。それが日本人の特質だ。欧米社会のように〝もの〟と心を分離して考えない。そういう意味では興南貿易の１００％原酒紹興酒は、石滋成と、それを技術面で支えた許建林の心が詰まっていると言えるだろう。

ハモニカ横丁の手塚一郎

私は長い付き合いのある何人かのクライアントにお会いしてそのことを実感した。

一番ダイレクトにそのことを表現したのは、吉祥寺ハモニカ横丁のファウンダー手塚一郎だ。

吉祥寺駅北口のバラックマーケットを昔のまま残し、そこに焼き鳥屋など多業態の飲食店を貼り付け、横丁を街の名物にした男として有名な人だ。

私も拙著『吉祥寺　横丁の逆襲』(言視舎)の中で中心人物として取り上げさせてもらった。

その彼は中国料理が好きで、横丁の中のひとつ「ハモニカキッチン」を中国料理にしたこともあって、うまい紹興酒を探し回っていた。

そんな時に幕張メッセで開かれていたフーデックスに出向き、三井物産グループの一角でブースを出していた興南貿易の紹興酒と出会った。1990年代の終わりごろのことだ。テイスティングしてみて「これこそ俺の探していたものだ」と判断して、その場で取引を決めた。

5年もの甕紹興酒が、ハモニカ横丁にある8店舗すべてで売られている。甕が店の前に置かれ、横丁にやって来た人の目に留まり、彼らは香港の猥雑な横丁の風情とイメージをだぶらせる。

手塚一郎は学生時代から演劇にかかわり、卒業後もビデオテープ、輸入家具、輸入雑貨などの商売を手掛け、吉祥寺では話題になっていた人だ。その過程で多くのアーチスト、多くの商売人にあってきた。その彼が石滋成の人を評して「こんなすばらしい人はいない。想いがすごく、半端ではない。初対面の時から本物の感じがした。私にとって商売の神様である」と絶賛した。

私は正直その評価に戸惑ってしまった。

『吉祥寺　横丁の逆襲』の取材をしていた時は、多才な人であることはわかったが、少し気難しい人でその人柄がよくつかめなかった。その本人が「これだけは絶対言っておきたい」という真剣な態度で語り始めたから驚いた。

手塚が石滋成の人柄に引き付けられてしまった最初のきっかけは、紹興酒とは全く異なるある商品のことからであった。

手塚が上海のあるホテルに宿泊していた時に、目にしたジャーがとてもおしゃれで気に入り、これを輸入しようと試みた。その時その手続きなどを石滋成に相談した。手塚の意を受けて、石滋成は労を惜しまず協力してくれた。確かに商売人ならお得意様が困っているときには手を差し伸べる。しかし石滋成の場合は度を越していた。損得抜きで手伝ってくれた。石滋成の利他精神に手塚は圧倒された。自分を振り返り「このような人にならなければ」と本気で考えるようになった。

手塚一郎（左）と許建林（右）

また手塚は生産地である紹興の許建林の工場を訪れた。石滋成や夫人がいつも同伴してくれた。その時の石滋成や許建林の歓迎ぶりにはいつも驚かされた。打算的なところが一切なく、やれることをすべてやるという姿勢に「これは見習わなければならない」と反省させられた。

手塚はまた長い付き合いの中で石滋成と

許建林と自分は馬が合うと感じていた。

それは干支が皆同じ豚（日本では猪）だからだと思っている。許が60歳、手塚が72歳、石が84歳ということだが、3人とも若いのに驚かされる。

中華料理は大家族が大きなテーブルを囲んで会食するスタイルが普通だが、大家族が食卓を囲む姿が消え去った現代、小菜を取りながら紹興酒をしみじみ味わうというスタイルがもっとでてきていいのでは、と手塚は自らの体験からそれを期待する。

その時の小菜は繊細な味がいい。

興南貿易の紹興酒はその繊細な味にぴったり合うと手塚は言う。

「紹興酒は中国料理の味の核心部分を担っている。石滋成も同じ味がしてくるから不思議です」と手塚は取材の最後につぶやいた。

株式会社ホテルサンバレー会長　新田恭一郎

まだ新年になったばかりの時、突然石滋成がサンバレー本社を訪ね、社長との面談を求めた。新田は初対面だし、なぜ来社されたかもまったくわからなかった。

ともかく応接間に通して新田は石滋成の話を聞いた。

ホテルサンバレーには那須では「万里」が、伊豆長岡では「古奈青山」という名の中国レストランを持っている。いずれも旬の食材を生かした創作中国料理で評判がいい。

そこで出される紹興酒は3社のものが用意されていて、新田は興南貿易のものを特別意識することはなかった。

石滋成の話に耳を傾けていた新田は、この石滋成という人物の人柄にどんどんひかれていった。

新田はそれまで様々な経営者と会ってきた。

農大在学中に、農家が相続のたびに農地を取られていく実情に疑問を感じ、抵当権問題に関心を抱いた。それが抵当証券会社の起業につながっていくのだが、そこで38社の会社をつくり、多くの経営者と出会うことになった。

そんな新田が、一回の出会いで石滋成にすっかり魅了されていった。

石が置いていった紹興酒をスタッフと一緒に飲んでみた。それが凄くうまい。週1回各支配人を集めて経営会議が行なわれるが、新田は彼らにそれを試飲してもらい、この商品をしっかり売り込もうと申し合わせた。

ちなみに支配人会議は週1回だが、月に1度は同じメンバーとともに、これは勉強になると思う旅館、ホテルを泊まり歩き研修を重ねている。

本社が渋谷なのでリゾートホテル経営は遠隔操作になりがち。新田はそこをきめ細かいコミュニケーションでしっかりカバーしている。

じつはこのサンバレーホテルは、新田が大病から救われた1982年に、売却の話が持ち込まれたもの。社員全員反対したが、これは快気祝いとして買うといって新田は譲らなかった。

無論新田にはホテル経営のノウハウはない。周辺の人たちもその点を危惧して辞めたほうがいいと諫言していった。「無から出発してこれから創り出していくことがノウハウだ」と言って彼は耳を貸さなかった。

ちょうど買い取った時期は景気が上昇気流に乗っていた。法人団体客も増え、モータリゼーションの発達で家族客も旅行を楽しむようになってきた。

彼はこれからの観光産業のビジョンを示して、ホテルサンバレーの指針を示した。

3Aがそれだ。

一つはアクアリゾート。いい温泉が不可欠だ。

二つ目がアグリリゾート。食の楽しみをしっかり提供していかなければならない。

三つめはアートリゾート。アートのある環境づくり。那須のホテルサンバレーでは美術館まで設けている。

新田恭一郎

新田のホテル経営者として卓越しているところは変化に対する考え方。おおかたのホテル旅館経営者は、巨額な投資を済ませるとほっとして、後は集客だけに意識を集中するが、新田は絶えず新規投資をして常連客を楽しませ続けることに全力を注ぐ。また考えや想いの伝達にも人一倍の努力をする。継続するもの、止めるもの、改良するものを区分し、正確に、公平に、透明性をもってスピーディに末端まで伝えることを絶えず意識している。

想いをどのように伝えていくか。新田は1・3・9の法則を重視する。

まず中核となる3人と想いを強く共有する。さらにその3人がひとり3人ずつその想いを共有して9人になる。そうやって己の想いを全体に伝え共有する。現場では理念を皆で唱和しながら毎日想いを確かめ合っている。

そんな経営を行なっている新田のことだから、石滋成の紹興酒への想い、得意様への想いが敏感に伝わったようだ。

社長交代のパーティーの時に乾杯の音頭を指名されたとき、正直新田は驚いた。もっと古くからお付き合いのあった立派な経営者が同席する中で、なぜ付き合いがさほど古くない自分が指名されたのか、今でも不思議に思っている。

しかし石滋成は新田の人柄、経営者としての懐の深さに、なにか共鳴するものを感じ取っていたに違いない。

すっかり興南貿易の紹興酒を気に入った新田は、大切な来客があると、帰りに土産として100％原酒紹興老酒の10年物かクリアー20年物を持たせる。しかも手提げ袋の中に興南貿易の出しているチラシと、紹興酒の由来が書いてある用紙を同封して手渡している。

この事実を石滋成は知らなかった。

元「バーミヤン」代表　姫野稔

石滋成とすかいらーくグループとの付き合いは意外に古い。

1989年、すかいらーくの和食店「藍屋」の常務から、物産フードサービスの営業担当を通して「フカヒレ雑炊を作りたいが協力してくれ」との要請があった。

相手のニーズに徹底的に応えていく石滋成は2人を伴って香港を訪れ、冷凍のフカヒレを開発し「藍屋」に空輸で送り届けた。その縁ですかいらーくの信用を獲得していった。

その年、紹興にわたって国営沈永和酒廠の製造する紹興酒の日本総代理店の権利を取得した石滋成は、まだ20店舗にも満たなかった「バーミヤン」に、その紹興酒を持ち込み試飲してもらった。

商品担当者はその品質の高さにびっくりしてしまい、さっそく興南貿易の紹興酒を扱いだした。

それから「バーミヤン」との長い付き合いが始まっていくわけである。

商品開発の面でも、求められることは全力で誠実に応えていった。その誠実さは半端ではない。当時のバーミヤン伊東康孝社長をうならせた出来事があった。

台湾料理を勉強したいという当時の伊東社長一行を台湾に案内した１９９１年のこと。実は石滋成は大腸のポリープを切除する手術を受けたばかり。退院後１週間は安静にするよう医者に言われたが、約束事だからと、退院の翌日には一行に加わっていた。料理店には同行したが、観光の時は車の中で待機していた。

事情を聴いた伊東社長は「なんと義理堅い人なのだ」と感激してしまった。

姫野稔

その話はバーミヤン社内でももっぱらの噂となり、半年後に第２弾で当時専務の姫野が商品部の幹部と台湾を訪れた際にも、何事もなかったごとく元気にふるまう石滋成を見て、姫野はつい「もう大丈夫のですか」といたわったぐらいであった。

商品開発での損得抜きの協力は、バーミヤンとの絆を一層深めていった。

１９９９年代表になった姫野は、中国料理が持つ陰陽のストーリー性に注目し、夏は体を冷やす料理を、冬には体を温める料理にこだわった。

茶やデザートにも気を使った。デザートでは今でも人気の愛玉子（オーギョーチ）などは石滋成に同行してもらった台湾で注目し、興南貿易から輸入してもらったもの。

また狛江にあったテストキッチンには夫人の石佳子がたびたび訪れ、家庭料理の知恵を伝授していった。姫野の脳裏には「庭にできたヘチマの料理をもってきたよ」と言って、手作りのヘチマ料理をふるまってくれた時の佳子の笑顔と声が今でも脳裏にこびりついているという。

良い品質のもの、より優れた提案を、労を惜しまず続けていった石滋成との付き合いは19年間の在任中、少しのぶれもなく続いた。

「紹興酒を愛してやまない人だ」と石を評価する姫野は、石滋成がより高い品質の紹興酒に挑戦する姿をしっかり見届けてきた人だ。許建林の工場落成式の記念にもらった当日仕込みの甕を、17年後、自分が会社を離れる日に、愛する部下に瓶詰にして配ったという話は姫野の石滋成への恩返しの気持ちがこもっていたとしか言いようがない。

すかいらーく(当時)姫野さんと台湾産品開発

テレビで放映されたファミレスのドリンクコンテスト「ファミ飲み」でバーミヤンが一位を取った事実を「石さんの紹興酒のおかげですよ」と姫野は嬉しそうに述懐していた。

今バーミヤンでは100円紹興酒が人気だ。サイゼリヤの100円ワインの向こうを張って始めた。興南貿易の5年熟成の本場ものがそこで大活躍をしている。

元三越外商本部副本部長　横山幹雄

先述したようにフカヒレスープの件で縁ができ、興南貿易の紹興酒をすっかり気に入って発売元を買って出てくれた三越外商部の横山幹雄（当時は銀座店外商部専門職部長）は、瓶（ガラスと陶器があった）のラベルに三越色を出して商標登録し、プライベートブランドの形で、売り歩いていった。

「外商部は全国を飛び回っていて、興南貿易の紹興酒も意識しながら売り歩いていましたよ」と横山は当時を懐かしそうに振り返る。「石さんのところは営業力が弱かったので、我々が踏ん張らないと、この完璧に素晴らしい紹興酒が埋もれてしまうと思っていましたね」。

横山は紹興にも石滋成に招かれて何度か足を運んでいる。そこで熟成された紹興酒の甕の膨大な量と質を確かめ自信を深めていった。

麹町の政財界人がよく使う「ダイヤモンドホテル」、やはり有名中国料理店の一つ「東京人飯店」、霞が関に近かったこともあってこれも政財界人がよく来店する「新橋亭」、

「天厨菜館」などは横山が開発したところで、興南貿易の躍進の下支えをしてくれていた。

横山が売り歩いた紹興酒は5年もの、10年もの、5年ものの一升瓶であった。

この一升瓶という発想がいかにも横山らしい。中国ではもとより日本でも誰も考えつかない発想だった。

当時紹興酒はお燗して飲む人が多かった。宴席ともなればお燗したお銚子を早く出さなければならない。そこで横山が考えついたのが、日本酒で使う酒燗器。それには瓶は一升瓶でなければならない。

横山幹雄

石滋成に言って探してもらった。いつものごとくクライアントの要求には損得抜きにとことん付き合う彼らしく天津まで行ってそれを見つけ、一升瓶の紹興酒を実現した。
葉山・森戸海岸に面した有名中国料理店「海狼」も彼の営業だ。葉山の富裕層のファミリーが好んで利用する店だが、地元知名人も多い店である。そこに営業をかけ、興南貿易の紹興酒を地元の酒屋としっかり取引させていった。

横山は退職後、「特別顧問」となって興南貿易にかかわり、ことあるごとにその紹興酒を宣伝していった。

私が取材した横山は、まだまだ貫禄十分で、三越の人たちも特別扱いしている事実を目の当たりにした。石滋成は周りの人を魅了し、この人のためならばと思わせる底知れぬものを持っているとその時私は実感した。

酒販店㈱西彦商店社長　西村利彦

酒販店は最近めっきり少なくなった。かつては街の風景には欠かせない小売店の一つであり庶民の生活の一部になっていた。しかし、インターネットの発達や流通構造の劇的な変化によって、その酒販店の取り扱う主力商品はスーパーやコンビニの棚に数多く並べられ、その存在理由が年々薄らいでいった。

業務用酒販店も環境の厳しさは変わらない。料飲店の得意先からは値下げが求められ、急な商品補充にも駆けつけなくてはならない。それでも続けざるをえず、今では運送業の姿に様変わりしているのが現実である。

かろうじて日本酒のような付加価値の高い商品に絞り込んだところだけが生き残っている。両国にある業務用酒販店㈱西彦商店の3代目西村利彦は、先代から築き上げた有力なクライアントとの取引を続けているとはいえ、この業界の将来性には不安を抱いていた。

「他の同業者にはない付加価値の高い商品が欲しい」と思い続けていた西村は、石貞美が新規開拓した得意先の帳合先だったことから興南貿易の紹興酒に出会い、ここにフォーカスしていくことを決意した。

しかし、その得意先や、のちに販路を広げたＪＲ上野駅のラーメン屋が、構内のリニューアルで閉店されたとき、西彦商店と興南貿易の紹興酒の取引も終わった。興南貿易の商品取扱量はこの時点でゼロになった。それでも石貞美は西彦商店にたびたび顔を出し、新しい販路の可能性を探っていた。西村はそんな石貞美の熱意に応えて、同行販売を繰り返していった。

西彦商店の得意先は和食店や焼鳥屋などの大衆酒場が多く、そこでは紹興酒の話になかなか乗ってくれなかった。

その営業活動中、和食店を経営していた学生時代の先輩から「赤坂の中国料理店から独立する友人がいるので紹介しよう」と言われ、その当人に試飲をしてもらう機会を得た。彼に、そのピュアでコクのある味を気に入ってもらい、彼が２０１５年１月にオープンした神楽坂の店に収めることができた。

この店は和の食材を使用した中国料理で、その繊細で優しい味が女性の人気を得て繁盛店に育ち、今ではミシュランの「ビブグルマン」に選ばれるまでになった。

ちなみにこの店から独立したシェフが２０１６年７月に四谷の荒木町に店を出し、ここにも興南貿易の紹興酒は納められている。この店もビブグルマンを取得していて、甕出しだけでなくボトルも評判なようだ。

２０１５年12月、西村は石貞美に誘われて、１００％原酒紹興老酒の開発を決定した紹興ツアーに参加していた。許建林経営の工場を視察し熟成を静かに待つ甕の量に圧倒され、この商品の持つ価値の重さを感じ取った。

西村利彦

また新商品に賭ける石滋成、石貞美、許建林の姿に鬼気迫るものを感じ、本物をとことん求めていく彼らの誠実さ、本気度に感銘を受けた。

西村も新商品を試飲しながらこの味の持つ力、悠久の歴史を感じる色と香りに驚き、これを世に広める立場にあるものとして奮い立つものがあった。

帰国後は貞美との同行販売に、より一層力が入った。

この色と香りはワイングラスが合うのではと判断し「ワインのように香りを楽しむ紹興酒」を強調し、中国料理の垣根を越えて、和や洋の店にも売り込みを図っていった。この紹興酒は寿司にも合うと西村は断言する。油の乗った魚類、あぶりもの、いくらなどの玉子系にはぴったり合うと言う。そうやって西村はせっせと和の領域にも踏み込んでいる。

焼鳥屋にも飛び込んだ。焼き鳥のレバ、ぼんじり、手羽先など、濃厚な味わいや脂ののっているものには紹興酒との相性がいいことを訴えていった。

浜松町や都立大にある焼鳥店では納品された紹興酒が好評で、和のほうに広がる可能性を実証している。

都立大のほうではこの紹興酒に合うメニューも開発していて、鶏肉を使った餃子やハツの炒め物などをお客に薦めている。またこの店ではジンジャエールで割ったジンジャ紹興酒も開発して評判になっている。

最近「町中華」が話題だ。古くからある家族経営でやっている「中華屋さん」がテレビなどメディアでよく取り上げられるようになった。

これは中華バルなどカジュアル中華がこれから大きな市場を造り出す予兆かもしれない。「町中華」は地元に根を張っているから強い。気楽に立ち寄れるし、家族で訪れることができる。世代交代とともに特徴メニューをブラシュアップして地元の人気店になる可能性を持っている。

西村や石貞美はそこにも目をつけている。

「町中華」の一つで、メディアにも顔を出す神宮前の店にも同行販売で訪ねた。

今まで料理だけを提供していた若夫婦を参考店にお連れし、つまみ料理の提供の仕方を見せ、紹興酒を夜の営業に役立てるリアルな提案を行なっている。


また西村は知り合いの同業者にも声をかけている。ほとんどの酒販店が問屋の言いなりで、その品質を吟味せず紹興酒を扱っている。だから他社のものしか入っていない。興南貿易の紹興酒のすそ野を広げるには、その商品価値を理解してくれる同業の仲間を増やしていかなければならない。そう思う西村は積極的に同業者に声をかけている。

長津田の酒店はそんな西村に同調してくれた仲間である。

「興南貿易の紹興酒の価値が、まだ世間に知られていないだけ」と認識する西村は、今日も販路拡大に余念がない。

前「龍天門」料理長　陳啓明

２０１５年12月、１００％原酒紹興老酒の開発に一役買ったのが、当時ウェスティンホテル東京「龍天門」料理長だった陳啓明であった。

熟成して甕に収まっている原酒そのものの味を商品化したいと言い出した陳の申し出に、味の最終選定で悩んでいた石滋成は救われた思いがした。その経緯は先述した通りである（66頁）。

陳は中国料理の世界では名の知れたシェフである。

高卒からいきなり京王プラザホテルの「南園」に入り、そこで20年間腕を磨いた。当時マスコミによく登場した周富徳は同じ厨房で働いていた。

その後新横浜プリンスで中華部門の調理長として5年間務めあげ、ウェスティンホテル東京「龍天門」の調理長に招かれ、20年間そこで過ごした。

石滋成とは、ある料理研究家の紹介で知り合った。

もともと陳は紹興酒にはあまり興味がなかった。せいぜい料理酒ぐらいにしかとらえていなかった。が、石滋成が渡したものは、思っていたものとは別物で、陳は驚いてしまった。その瞬間ひらめいたのが「龍天門」の十周年記念の出し物の一つとして使えないかということだった。

さっそく石滋成に電話をかけ「10年ものの原酒で甕を使いたいが、できますか」と聞いた。

「できますよ」という力強い返事が返ってきた。まだ取引がなかったので、「中華高橋」を通して3、4甕が届けられた。

そうやって石滋成との関係が始まっていった。

陳料理長の食材へのこだわりは半端ではない。気になる商品はどんなに遠くても生産地まで足を運んで確かめ、ある時には改良を迫った。紹興酒に関しても許建林の工場見学を石滋成に申し入れた。

合併会社の新工場が完成する前の、バラック建てのような工場内を見て回り、当時興南貿易が売りはじめた80％原酒の製造現場を視察した。

わざわざブレンダーを呼んでもらい許とブレンダーが創り出す商品をじっと見つめ、テイストして8年もの、12年もののプライベートブランドをつくってもらった。

ラベルもコルクも化粧箱もオリジナルなものをつくってもらった。コルクを使うなどこれまで体験したことがない許建林は戸惑ったが、「スマートなものにしたい」という陳の要求に応えていった。許のそんなところは石滋成とそっくりである。

その紹興訪問の際、せっかくだからと、ピータンの工場も見学した。半日もかかる難儀な場所にそれはあったが、アヒルの飼育場面、ピータンの製造現場をしっかり見て陳は納得して帰っていった。

また別の機会には、金華ハムの生産現場に部下数人を伴い訪れ、その製造工程の説明を受けてきた。このような際にも必ず石滋成と許建林は同行していたことは言うまでもない。

陳啓明

陳の要求はそれに止まらなかった。
この紹興酒を日本の米でつくったら

どんなものができるのだろう、という難問を許に投げかけた。普通米や酒米ではなく、あくまでもち米を使うという点は許は譲らなかったが、ともかくそれで3年ものをつくることになった。

米はわざわざ手分けして持ち込んだ。100キロは最低必要なので一人10キロを持たせ、10人を集めて現地に飛んだ。それは2、3年続けたが、結果は素晴らしく美味なものができた。

陳に言わせると3年ものだが、10年ものに劣らない良質なものができた。日本からの輸入米を使ったらコストがかかりすぎるので、この試みはそこで終わっているが、今後の紹興酒の進化の道筋の一つが見えたような気がする。

そうやって陳は商品へのこだわりを一つ一つこなしていったわけであるが、それに必ず誠意をもって応えてくれた石滋成と許建林への感謝の気持ちは忘れたことがない。

興南貿易の新社屋の祝賀パーティーが陳の「龍天門」で行なわれた2008年10月のことは、陳にとっては一生忘れられない出来事になった。

100名を超える招待客、その顔触れを見ても陳は身震いする思いだった。一品一品試作を重ね、納得いくまで繰り返した。料理人たちも陳のそんな気迫に圧倒されながら、職人魂を呼び覚まされ、今まで体験したことのない心地良い緊張感を味わった。

その料理は石滋成をして「こんな料理は今まで体験したことがなかった」と言わしめるほど素晴らしいものだった。

陳も一世一代の仕事だったと述懐している。また彼は「あの時私を突き動かしていたものは、石さんや許さんへの恩返しをここでしなければという熱い気持ちだった気がする」とじっと遠くを見つめながら私につぶやいた。

石川県小松市・「餃子菜館勝ちゃん」　高輪正勝

小松市の誰でもが知る「町中華」だ。餃子のみならず塩焼きそばが名物で、客の半分はこれをオーダーするという。いつも超満員の店で最近は2階建ての立派なお店に建て替えた。

昭和11年生まれの人で、家庭の事情で高校中退した後、様々な仕事に就いた。自衛隊にいたこともあったし、誰もがやりたがらない仕事までもやった。もう彼にとって世の中で怖いものはなかった。

そんな彼が思いたってラーメンと餃子の屋台をやり始めた。調理は誰からも教わらず自己流であった。それがお客に支持され店を持つまでになった。

興南貿易の紹興酒との出会いは日本中国料理協会の総会の時であった。美味しい紹興酒を探していた彼が、そこで興南貿易の紹興酒と出会い、すっかり気に入ってしまった。

その後、石滋成に連れられ紹興を訊ね、製造現場をしっかりと見学、その製造に携わる許建林という人物にも会い歓談している。

そんな体験もあって、いいものを提供してどんどんお客に喜んでもらいたい、という気持ちと、そこで出会った石滋成や許建林という人物に喜んでもらいたいという気持ちがないまぜになって、紹興酒の販売に力を入れている。

「私は石さんと出会えて本当に幸せだ。あの方は最高の人物」だと評価していた。

石滋成も3年前の年末、家族で高輪のお店を訪れているし、また石滋成と酒販店西彦商店の西村利彦は両国での大相撲に高輪を招待している。

苦労しながら人のために尽くすことを信条として実行している高輪は、施設を回っては料理人を引き連れて料理をふるまう。そんなボランティア活動を自分に与えられた当たり前の使命として気負いな

高輪正勝

く続けている。石滋成の生き方とはどこか通じ合うものがあって、商取引を超えた関係がいまも続いている。

第6章

「町中華」から広がるカジュアル中華の世界

「町中華」に火が付く

ＢＳ―ＴＢＳの月曜夜番組の「町中華で飲ろうぜ」がきっかけで、「町中華」という言葉がいろいろなメディアで目に付くようになった。その番組は、古くからその町に張り付いた家族経営の「中華屋さん」が毎回登場し、その店の自慢料理をリポートしていくもの。昭和の香りのする店づくりと店主の手作りの味が、とても親密で、視聴者に忘れ去ってしまったものを思い起こさせるのか、人気番組になって続いている。

そのせいで「町中華」人気は今ではテレビから街の中へとしみ出し始めた。ランチ時にたまにしか訪れることのなかった〝街の中華屋さん〟が、突然「町中華」のジャンルに入れられ、その商品の持つ価値が新しい感覚で見直されている。

神宮前の、ある「町中華」も昭和41年創業と古いが、「昔こんなだったかな」と思わせるぐらいモダンになっていて、全面ガラス張りでお客がびっしりと埋まった店内が外からでも覗ける。オーダーをこなすのにてんてこ舞いのカウンター内の調理人たちの動きもダイナミックで演劇的だ。外から出前帰りの若者が帰ってきた。こんなに忙しいのに出前をやるというのも、育ててもらった地元に感謝している気持ちが伝わって、いかにも「町中華」らしい。

会社帰りの常連客はいつもの料理を迷いなくオーダーする。メニューは見ない。料理内容も、「町中華」で長く頑張ってこられた理由が一瞬でわかる、すぐれものばかりだ。人気商品のスーラータンメンは、これ一品でお客を集められそうなくらいの力がある。

この店のように古くからある店だけではなく、若い夫婦が商う新しい店にまで、その影響が及び始めていることには注目すべきだ。


私が落合斎場の帰りに友人たちと偶然入った小さな中華屋さんもその典型と言える。大江戸線中井駅に向かう細い道筋にあるその店は、閑静な住宅地のど真ん中。若い夫婦が2年前に開業した店で規模は14席と小さい。もともと実家の車庫にしていた場所を店舗にしたもので、余計な装飾物はなくシンプルで家庭的な雰囲気だ。

店名は「旨味中房　こじゃれ」。夫婦で考えたという。

夜になると白地に太い筆文字の「中華酒場　紹興酒」の提灯が暗闇の中でそこだけ明

「こじゃれ」の看板

るく点灯し、人の目を引き付けている。その訴え方が、吉田類の「酒場放浪記」の中国版みたいで、酒好きにはたまらない。

場所柄、近所の家族連れや、点在する会社のサラリーマンたち、落合斎場の帰りの小集団、ネットで見た人などが多いので、どちらかといえば食事が中心になる。とはいえ、クラゲの頭の冷菜、土鍋四川マーボ豆腐、鶏大焼売（3ケ）など500〜600円ほどの、酒のつまみにぴったりの料理が揃えられていて、紹興酒を飲みながらそれらの絶品料理をつまんでいると時間も嫌なことも忘れてしまう。

店主の岬大介さん（45歳）は、赤坂「維新號」で修業し、ショッピングモールの中華店や「町中華」もいろいろ体験してきた人で、腕は確かだし、お客のニーズにも敏感だ。美人の奥さんと二人三脚でお客を飽きさせない。

これはほんの一例だが、「町中華」の話題が、このような若い料理人の起業を促していくことになると、そのすそ野は広がり、クオリティーも上がっていく。

餃子をキーワードにしたカジュアル中華の活躍

1990年代の初め、台湾家庭料理の店がブレークする中で、餃子を頭に据えることによってお客に馴染みやすい雰囲気をつくるというカジュアル中華の試みがなされていった。「餃子屋台」がそれで、東山フーズの東山政雄社長が横浜西口の岡田屋モアズの上層階で開業した。それが若き女性たちに受けた。故安藤満のインテリアもユニークであったが、台湾料理をベースにしたメニューはどれも屋台料理感覚で出され、ひとり当たり2、3品をとってシェアするという過ごし方も、若い人に受けた。

渋谷のスクランブル交差点前のグルメタウンにも支店を出し、そこも渋谷のカジュアル中華の世界に新しい風を吹かせた。渋谷には当時台湾料理御三家といわれた「麗郷」「台南担仔麺」「龍の髭」が人気を博していた。「餃子屋台」はその人気の根拠を探り出し、その土台の上により幅の広い層を狙って打って出たのが成功した。

東山政雄の次男、東山周平は、㈱アジアンテイブルという別会社で「大連餃子基地」という店を2009年頃に立ち上げ、横浜中華街、麻布十番などに出店し、繁盛店を創り上げた。羽のある大連独特の餃子を売りにしながらも、料理全体がしっかりしている。中国料理のメッカ、横浜中華街のど真ん中で若い客を集めている事実が、それを証明している。麻布十番店は中心商店街から横にそれた住宅地に入り込んだところにあるが、地域の人たちに愛されていて、週末ともなるとお客が外にまであふれ出ている。

今では商業施設からも引っ張りだこで、最近開設した渋谷駅に隣接した渋谷ストリームにも出店。アイドルタイムでも若い女性で充満する超繁盛店になっている。

1990年代の後半、カジュアルなのだが一品料理をより重視した中華店が際コーポレーションによって展開され始めた。「紅虎餃子房」もその中の一つだ。あっという間に多店舗化してその名が全国に知れわたるようになっていった。

一品で客の満足を満たそうと考える中島武は一品の完成度にこだわっていく。棒状の鉄鍋餃子にしても下味がしっかりしているので調味料を全く必要としない。

一品料理はすべて日本人の舌に合うようにアレンジされてクセになるよう工夫されているのも特徴的だ。

ヒットメニューの一つになっている牛バラ五目土鍋かけごはん。中国で好まれている牛バラ肉のかけご飯は、チンゲン菜と牛バラ肉の煮込みをご飯にかけるだけだが、これだとシンプル過ぎて迫力に欠ける。中島社長はこれを土鍋で提供することを考案した。かけごはんを土鍋に入れて加熱するわけだから熱々の状態で提供することになる。シズル感があり、おこげの香ばしさも加わって、ユニークで美味な料理に仕上がっている。

また香港の牛バラ肉かけごはんは、塩、カキ油で味を調えていくが、ここでは日本人に合わせて醤油味にしてある。しかもこの醤油味もくどくならないように中国の醤油と日本のそれを同量割にして使っている。

このように中島社長自ら一品一品にこだわる姿勢は、「韮菜万頭」「虎萬元」「万豚記」「胡同四合房」などの業態を生み出し、商業施設にも積極的に出店している。カジュアル中華の時代を造り出した代表的な人だといえる。

台湾家庭小皿料理はなぜ消えた

1980年代後半から1990年代初めにかけて、台湾家庭小皿料理のブームが起こった。

「登竜門」や「青龍門」といった門のつく店が多く、カジュアル中華の隆盛を予感させた。私もさんざん業界紙や日経流通などでその可能性を語ったものだ。

発火点は渋谷の「台南担仔麺」だった。わかりにくい場所にあった。道玄坂を上り切り、246に向かって左折し、その途中をさらに左折した場所にあった。夜も早いうちからそこだけは人だかりがして、中に入るには行列に加わらなければならなかった。

ネット社会になる前だ。口コミだけでどんどん人がやってくる。「麗郷」で台湾料理の味を覚え、大ファンになっていた私だが、この盛り上がりには驚いた。

一品500〜600円の小皿料理はリーズナブルで注文しやすかった。それもヒットした理由のひとつかもしれないが、なぜここまで日本人が魅かれるのか、食べながら考えた。

どれも日本人の舌に馴染んでくる。紹興酒を飲みながら、これはアミノ酸文化の世界で、そういう意味では日本人に馴染むのではないか。醤油もよく使われているし、くどくない。そんな解釈をして自分を納得させている間に、この店の情報は拡散され、類似店が現れ始めた。

「登龍門」がスタートを切った。チェーン化を目指していて次々と店をオープンさせた。東横線沿線の住宅地の奥のほうにある店までわざわざ訪ねていったこともある。

しかしどこも満席で必ず待たされた。

そのうち先端的な飲食店を次々と提案して街に刺激を与え続けた月川産業がここに目を付け、「青龍門」を開業。台湾家庭小皿料理の世界に、エンターテインメントの要素を注入した。店内にいろいろ仕掛けがあって、それを面白がる世界の中でその料理は供された。

しかし、チェーンを目指す企業は食材の安定的な確保という課題にぶつかり、自ら解決する道を選ばず商社の軍門に下った。

お客は敏感だ。商社主導の店には特有のにおいがなくなり、やがて彼らは店から遠ざかっていった。

そしてバブルの崩壊だ。

80年代に都市の生活者に新しい味覚との出会いを提供し続けたエスニック料理が、根こそこで消えていった。あれほど若い人を集めたタイ料理の店も、ベトナム料理の店も街から消えていった。

これも不思議な現象だった。新しい味覚との出会い。それに刺激を受けて都市生活を楽しむという時代は、経済も社会も未来に向かって元気な時に出てくる現象なのかもしれない。

当時ニューヨークの飲食トレンドを分析し、メディアに報告していた私は、ニューヨークもまた時代を牽引したベビーブーマーが家庭に戻るようになって新しい提案が途絶え、日本と同じ状況になっていったことにショックを受けていた。

外食産業も成熟時代に入り、人々の食に求める姿も変わってきた。世代交代が進み、あの１９８０年代後半の台湾家庭小皿料理のブームなどは、現在20代の若者は知らないはずだ。

日本人があんなに夢中になった味、快適に過ごしていた時間は、単にバブルの時代の浮かれた気分からではないはずだ。その普遍的な価値は必ず戻ってくる。

中華バルの可能性

4、5年前から街に多く見られるようになったワインバルは、ワインブームに乗って現れた。フランス料理やイタリア料理、スペイン料理などをつまみながらワインをカジュアルに楽しむ業態。もともとはワインに主語があって、料理はそれを支える述語的な存在だった。

飲み物を主語に置くバルでは、ほかに日本酒バルがある。全国の店主好みの銘酒を集めて、日本食のつまみ料理を用意するものだ。

この業態が多様化して、料理に主語に置くバルが出現し、気楽に料理を楽しめる店というメッセージを込めて街に張り付きだした。

イタリアンバル、スペインバル、肉バル、などがその典型である。

これらはレストランのようにかしこまることなく、居酒屋のように気楽に楽しめる消費シーンを売り物にしている。従来のレストランでもそのようなお客の過ごし方の変化でバル的な過ごし方が一般化してきていると言えるだろう。

代々木八幡にある超繁盛店、ポルトガル料理の「クリスチアーノ」では、お客はポルトガル料理を目指して訪れるのではなく、オーナーシェフの佐藤幸二の創り出す、バスク料理に近いポルトガル料理をつまみ感覚でワインとともに味わい、カジュアルなひと時を過ごす。彼はこの店をバルとは表現していないが、客はバル的に過ごしていると言えるだろう。

この観点から中華料理の世界を見てみたい。

紹興酒バルをうたう店はほとんど見当たらない。中華バルもようやくぼちぼち出始めたばかり。

神楽坂の中華バルはその典型で、料理も繊細で軽く、紹興酒には相性がいい。カウンターに座って2、3品の料理と甕出しの紹興酒を楽しんでいると「これが中華バルだ」と納得してしまう。

東京におけるトレンドの先頭を行く店は、それにふさわしい立地を選んでくる。そういう意味ではまず神楽坂で誕生したというのは注目されていい。

吉祥寺ハモニカ横丁の仕掛人、手塚一郎の経営する「ハモニカキッチン」も中華バルの一つとしてやはり発信力のある吉祥寺で頑張っている。

それらの発信力でどれだけこの業態が成長していくか楽しみである。

ホテルや一流中国料理店で腕を磨いてきた人の中で、お客といつも接することのできる小規模なカジュアルなお店を開いてみたいという人が潜在的にいるはずである。

成功する道筋が見えてくれば一挙に起業してくるはずだ。

洋食の世界でも和食の世界でも、大きな厨房の中でお客と接することもなく、ただ厨房内の人間関係に気を遣うことをやめ、小さなバル的なお店を開いたり、居酒屋を開業したりする例は多い。

中国料理のマーケットはもともと大きいし強い。スーパーやコンビニの棚や冷凍ケースに中国料理関連の商品がいかに多く並んでいるか。それを見ただけでもその事実がわかる。

ただカジュアル中華の、あるいは中華バルの登場を待っている状況だ。

「町中華」は、カジュアル中華のすそ野を広げる

「町中華」の人気は、カジュアル中華が伸び悩む間隙をついてきたともいえる。身近にあった一見ベタな中華屋さんが、じつは素晴らしい商品力を持ち、アットホームな接客があることに気づくと「町中華」は街の人々にとって貴重な存在の店に見えてくる。

非日常的な時は、ホテルの中国料理店や有名な高級中国料理に行くことがある。またごく日常的な時には「バーミヤン」のようなファミレスや「日高屋」のようなチェーン店で過ごすことが多い。

「町中華」はこのように日常的な動機に応えることもあれば、少しアッパーな脱日常的な動機に応えることもあるポジションにもある。そういう意味ではカジュアル中華のすそ野を広げていく役割をしているともいえる。

先ほど取り上げた神宮前の「町中華」店では、お客は日常使いでやってくる。しかし決してファミレスのような感覚では受け取らない。そこにはベテランの料理人がいるし、一品一品手作りで力がある。家族客も少し贅沢気分で楽しんでいる。単品の値段も決して安

くない。1000円前後だ。しかし、誰もが満足気でリピーター客風だ。「町中華」を意識し始めると、人々の目には、「餃子屋台」や「大連餃子基地」や、さらには「紅虎餃子房」まで「町中華」のジャンルに入れ始めて見直していく。

後者はより脱日常的だが、親密的で、日常を快適にしてくれるという意味では同類だ。麻布十番の「大連餃子基地」のお客は「そんなに古くはないが、これはおらが町中華だ」と思うだろう。

このように「町中華」が、カジュアル中華を巻き込みながら進んでいくと、二極化が意識され始める。

ひとつは完全に日常寄りで、夜も食事処の範囲を出ない。渋谷宇田川町で古くから活躍する「兆楽」はその典型だろう。いつも作業服を着た男性客でいっぱいだ。夜もそのまま続いていく。飲み物もせいぜいビールぐらい。

もうひとつは、ランチタイムは全く日常的で変わらないが、夜は飲みながら食事をするお客の割合が多くなる。日常性から少し離れてカジュアル中華のひと時を楽しむ。当然紹興酒の世界になる。

「町中華」もこの後者の店が増え始めると、カジュアル中華はもっと広がっていく。

その二極化の境界線は夜の過ごさせ方だ。

「町中華」の店もしっかりしたつまみ料理を用意して、それに応えなければならない。一品料理にビールというスタイルから、紹興酒に小菜をつまみにとり、最後に麺かご飯で〆るというスタイルに変化していくことが予想される。

まだよちよち歩きの段階だが、中井の「こじゃれ」をこれからの「町中華」の可能性として取り上げたのも、経営者がそのことを意識しているからである。そうでなければ〝中華酒場　紹興酒〟という提灯は出さないはずだ。


カジュアル中華が「町中華」を巻き込みながら進んでいけば、紹興酒の品質がお客の間で意識され始める。本物が探し求められていく。

昔、ウイスキーの世界ではブレンドしたものが当たり前だった。しかしバーが発達し、ウイスキーファンが増えてくると、もっと純粋で味に深みのあるものを求めだした。そこで1963年グレンフィディックによって、ひとつの蒸留所のみで造ったブレンドしないシングルモルトウイスキーが売り出された。特有なアロマやフレーバーにウイスキーファンは狂喜してそれに飛びついた。

スコッチウイスキーの世界が変わった。

石滋成の開発した１００％原酒紹興酒もきっと紹興酒ファンに「だれがつくったのだ？」と言われながら、満面の笑みと驚きで迎えられるだろう。事実そのように狂喜するファンが着実に増え始めている。

第7章

日本における中国料理店史・断章

本書の最後に、日本における中国料理店の歴史の一端に触れておこう。

それは明治初期から始まった。長崎や横浜の「南京街」に根を張ったもので、中国人向けの家庭料理の店が大半だった。

中国料理店が日本人向けに発展するのは戦後からである。

戦勝国になった中国から優秀なコックがやってくるようになり、また食材の調達も容易にできた。それを追い風にして横浜中華街にも食べ物を求めて多くの日本人がやってきてにぎわったが、50年代半ば、東京のど真ん中に本格的中国料理店が一挙に現れた。

東京に現れた〝中華街〟

「田村町中華街」

現在の西新橋交差点から御成門に至る日比谷通りを昔は田村町といったが、その通り沿いに本格的中国料理店が集中して現れたことは、今では知る人も少なくなった。

そこで当時の様子を知る「新橋亭」の鈴木新太郎総支配人と田中喬総料理長に事情を聴くことにした。

新橋亭は西新橋交差点から新橋に向かった外堀沿いにあったが、田村町の〝中華街〟の一つに数えられていた。それでも当時は日比谷通りから少しずれているだけで立地が悪いと言われたようだ。

日比谷通り沿いの主な中国料理店は、「中国飯店」、「香港飯店」、「北京飯店」、「四川飯店」、「同發」、「新雅酒家」、「留園」、「北京マンション」(芝パークホテル)、「王府」などであった。のちに中国料理界に大きな影響を与えた横綱級の店ばかりである。通りの裏手には、後に新橋や銀座に進出する「第一楼」なども健闘していた。

「新橋亭」鈴木総支配人

人はこの中国料理店群を「田村町中華街」とか「田村町リトルホンコン」と称していた。なぜそこに突如として〝中華街〟ができたか。推測だが、日比谷通り沿い近くに、占領軍司令部が置かれていたこと、霞が関に近く、政財界人が集まりやすい場所だったことなどがあげられる。

それと華僑の人たちの特徴の一つである、一カ所に集まる習性も根底にあったようだ。

「新橋亭」田中総料理長

周りは焼け野原。人々はまだ食べるのがやっとの状態。そんな時に高級な中国料理店が軒を並べていたという光景は信じがたい事実である。むろん庶民は入れなかった。しかしそれを必要としていたマーケットが確実にあったということである。

食文化の歴史を紐解いていくと、食文化はこのように頂点が作られてから徐々に一般化して発達していく例が多いが、この場合も例外ではないようだ。

原宿、赤坂・六本木にも

少し遅れて、「原宿中華街」と「赤坂・六本木中華街」が続いていく。高度成長経済とともに接待需要も増え、富裕層も厚みを増してきた時代を背景にしている。

「原宿中華街」は「福禄寿」、「楼外楼」、「皇家飯店」、「南国酒家」、「テンラン」などが集中し、「赤坂・六本木中華街」には「山王飯店」、「赤坂飯店」、「楼外楼」、「栄林」、（以上赤坂）「楓林」、「東京飯店」、「中国飯店」、「梅紅飯店」、「香妃園」（以上六本木）などが集まっていた。

ホテル系の2つの流れ

64年の東京オリンピック直前から大型都市ホテルが立ち並び始め、そこで中国料理店は大きく変貌する。今までの都市ホテルは洋食、和食で済んだが、オリンピックともなれば中国料理は欠かせない。どのホテルでも中国料理店を設けるようになっていった。

一方「田村町中華街」は家賃の高騰などもあって撤退する店が増え、いつの間にか人々の目から消えていった。復活を目指した「留園」も、他のエリアやホテル内の中国料理店の活躍に押されて、奮闘むなしく撤退していった。

都市ホテル内中国料理店は、街場の有名中国料理店の影響を受けて発達している。田中総料理長に言わせると、2つの潮流に大きく分けられるという。

ひとつは「中国飯店」の流れ。広東料理系である。ホテルオークラの「桃花林」、京王プラザホテルの「南園」がそれだ。

ふたつ目は「山王飯店」の流れ。これは上海料理系だ。ホテルニューオータニ「大観苑」、旧赤坂プリンスホテル、旧赤坂東急ホテルなどが影響を受けている。上海料理は醤油味が中心で日本人の舌に合うという。田中総料理長も上海料理一筋だ。

80年代から90年代の新しい波

ここからは、私の中国料理店の歴史についての覚書である。

80年代は都市が輝いている時代だった、東京もニューヨークも高感度なレストランを輩出し、都市生活者に刺激を与え続けた。そんな時代に六本木周辺でも新しい感覚の中華料理店がいくつか生み出されていった。

六本木・芋洗い坂にあった「東風」

1979年にSB食品によって開発された店。ヨーロッパ風のシックな店舗デザインがしゃれていた。緩やかに回転している古風なシーリングファン、空間を支配するエキゾチックな壁画などディテイルが欧米人好みのオリエンタルをイメージしている。

メニューも自然を意識したオリジナルなものばかり。植物性食品だけを使った中国風精進料理など、この店のコンセプトがしっかり伝わっていた。

南青山の住宅地に、ポツンとあった「ダイニーズテーブル」

１９８１年に、当時のトレンド最前線を走っていた岡田大弐によって開設されたもの。店に入るといきなり赤と黒を基調としたシックなバーに突き当たる。その奥がダイニングテーブル。ここはグリーンと黒が基調となっていて、ところどころに金茶色がアクセントとして使われている。

照明効果が抜群にうまい。壁面に飾られている空手のイラスト、古い肖像画、チベット経典が暗闇の中から浮かび上がっている。

料理は中国料理の奥深さを壊さずにいたほうがいい、という考えからあまり手を加えない。

ヨーロッパの洗練された中国料理店だったらこんな店になるだろうと意識した店で、しっかりした伝統的な料理を楽しんでほしいというのが岡田のコンセプト。長く愛された店だ。

青山キラー通りの「ル・シノワ」

70年代、80年代の六本木エリアで多様な業態で感度豊かな若者たちを魅了してきた杉本尉二が、1983年、中国料理業態に挑戦した店だ。

インテリアはカフェバーのデザイナーとして一世を風靡した松井雅美の作品。大理石とクロムメッキされたステンレスを基本素材とした装飾性豊かなインテリアデザイン。

ニューヨークで中国料理店を開くとしたら、と杉本はいつも意識してきた。

料理も洗練されていて全体的に薄味。最後の二口で美味しいと感じる味を目指した。

香港のヌーベルシノワの衝撃

80年代の後半、香港のヌーベルシノワが料理の世界に衝撃を与えた。中国料理の世界だけでなくフレンチの世界にも影響を与えた。

「麒麟閣酒家」、ハイアットリージェンシー香港「凱悦軒」などがその発信元だった。

「麒麟閣酒家」は、広東料理をベースにしながらも、洋風感覚を採り入れ、創作性が豊か。

一品一品が刺激的だった。内装もスタイリッシュでモダン。

「凱悦軒」は、フルーツや野菜を大胆に使ったヘルシー感覚のメニューが特徴。パパイヤやマンゴーを丸ごと使ったフカヒレ入りスープなど感覚が斬新だった。

私はフランス料理の巨匠たちからこの話を聞き、さっそく香港に飛んで、それらの新しい感覚に触れ、大いに刺戟を受けた。

このヌーベルシノワの波は日本にも押し寄せ、「聘珍楼」の料理長を務めたあと、91年に赤坂で「離宮」をオープンさせた周富徳も、積極的に伝えていった人だ。

当時立川リーセントパーク「楼蘭」料理長だった脇屋友詞も、その影響を受けた一人で、フランス料理のような盛り付けのセンスを磨いて一躍有名になった。

さらにそれらをもう一歩前に進めたのが、フランス調理人が挑戦したヌーベルシノワ。カリスマフランス料理人石鍋裕プロデュースの「トゥランドット游仙境」。料理長の脇屋友詞はここで、持ち味である上海料理を、ヌーベルシノワ風に繊細に仕立て上げ、己の世界をつくった。

フランス料理の巨匠、熊谷喜八も、中国料理に新しい風を吹かせようと「キハチチャイナ」をオープンさせていった。

90年代に光った鬼才たち

健康志向の波が中国料理にも押し寄せたのが90年代から2000年代。小規模な店だがそのオーナーシェフの料理センスと料理哲学で高い評価を得て、人気店になったのが、92年オープンの「文林」（渋谷・神泉）。オーナーシェフの河田吉功は、野菜を多用した健康的な家庭料理を提案して、多くの女性ファンから熱い支持を受けていた。たしか彼の料理本まで出ていたと記憶している。一見気難しそうだが、とても気さくな人で、私も楽しく取材させてもらった。

99年にオープンした「ジーテン」（代々木上原）もカウンター中心の小規模店だが、近くのグルメたちに圧倒的な人気を得ている。

オーナーシェフの吉田勝彦は河田の下で修業した人。香港や台湾の厨房に入ってさらに腕を磨いたが、料理上手の主婦に学んだ家庭料理にヒントを得て、健康を意識した深みのある家庭料理を提案して見せた。私も常連の一人としてたびたび訪れ、カウンター越しに彼と料理談義をしたものだった。

代々木上原といえば、今は麻布十番に移ったが、予約がなかなか取れない店「飄香」の井桁良樹も輝いていた。古賀政男音楽記念館の前のビル地下にあったその店の予約はなかなか取れないので、直に店に行き、予約帳に書き込んでもらった記憶がある。

代々木上原周辺の富裕層は、高品質のものを毎日のように楽しめる店を好んだ。ただ高級であるということでは通用しない街である。四川料理であるが食べやすく、値段もリーズナブルであったことが、この店が受けた理由である。

おわりに

私と石滋成さんとの関係は5年とさほど長いものではない。

ただ紹興酒の新商品開発のこと、彼の青少年時代のこと、会社経営の苦労話はたびたび聞いていた。ほとんど会食でのことであった。

２０１５年12月、新商品を決定する大切な紹興ツアーにも参加させてもらった。

その時は許建林という石滋成にとってビジネスパートナーというより、紹興酒を通して同じ夢を見続ける盟友と言える人に出会い、石滋成や現社長の石貞美の新商品に賭ける鬼気迫る姿に接した。

マザー牧場で誓い合った盟友同士の熱い思いも、父親を支え、これからの興南貿易を背負って立つ石貞美の新商品に挑む気概も、その時の私は知らなかった。

大きなテーブルを囲んだ10人余りの参加者が行なうテイスティングの時には、納得いっていなかった石滋成の思い悩む真剣な顔は、後で写真を見て知ったぐらいでその時には全く気付いていなかった。私もみんなに倣って、テイスティングを繰り返していたが、絶対これだと判断する基準を正直持っていなかった。

ただ皆で工場に入り、うずたかく積まれた紹興酒の甕から熟成された原酒を試飲する段になって陳啓明料理長が何か叫びにも似た言葉を発し、やおらその甕の一つに「龍天門」と書いた紙を貼り付けた光景は今でも鮮明に覚えている。

その時、石滋成が、その陳啓明の行動で、よしこれで行こうと決断したことは後で聞いた話。

100％原酒紹興老酒が生まれた歴史的な瞬間に立ち会っていたのも恥ずかしながら後で知ることになった。

決断した後の石滋成の行動は本当に早い。ラベルや瓶の検討を重ねながら、翌年2016年の4月には発売を開始し、4月5日にはウェスティンホテル東京の「龍天門」でこの新商品の完成披露パーティーを開催している。

そのパーティーに参加した段階では、さすがの私もこの商品の持つ、とてつもなく大きな価値を認識し、2015年の紹興ツアーの一コマ一コマを巻き戻しその意味を掬い取れるようになっていた。

この商品を口にしたものは誰でも「こんな美味なものは初めてだ」と驚嘆する。

外食産業を牽引するカリスマ的な経営者たちも、これを口にして「すごい」とびっくりする様子を何度も目撃した。

石滋成にはワインや日本酒のブームに隠れ、酒類市場から消えかかっている紹興酒への愛するが故の危機感があった。また粗悪品が出回っている時代に植え付けられてしまっていた消費者の悪いイメージがなかなか払しょくできない焦りもあった。

それが今回の商品開発のバネになった。

しかしそれだけではない。この商品には石滋成の想いが中に込められている。

本物を本気で追い求める石滋成は、粗悪品が横行した時代の紹興酒は我慢できなかった。それが天安門事件という治安が最悪の時期に本物を見つけに単身紹興に行き、国営工場で一番品質の良い工場の日本総代理店になって、本物に一歩近づく。さらに許建林という盟友と出会って80％のクリアシリーズを開発し、さらに一歩踏み込んで１００％原酒紹興老酒にたどり着く。どんどん深掘りして本物にたどり着こうとするこの情念は、それ以外選択の道がないのだという石滋成の生き方そのもののような気がする。

クライアントの人たち、発信力のある料理研究家たちを石滋成は「本物のありかを実際に見てくれ」という気持ちから、中国の紹興まで招待する。それを受けて許建林はこれでもかといわんばかりに全力を挙げて工場内を案内し、接待する。

その時の2人は間違いなく打算は持ち合わせていない。本物を追い求める2人の生きざま、「革新と良心」に共鳴し、共に併走してほしいという気持ちからだけである。

だから100％原酒にたどり着いたとき、関係者はみな、2人なら当然だなと思い、自分もこの本物をより多くの人に知ってもらうため、2人と並走しながら全力を尽くそうと決意する。石滋成から私はかれの経営哲学を一度も聞いたことがない。マーケティングのマの字も聞かなかった。

「私はもともと商売が好きではないのですよ」というように、家族を守るため、クライアントに喜んでもらうため、そして消費者に本物を届けたいという考え以外、経営論的な理屈は持とうとしない。

紹興酒という単品に特化して経営を集中化していく方法をフォーカスマーケティングと整理していく仕方もあるだろう。

クライアントを何度も紹興の生産現場に案内し、各種パーティーに招くという方法をクライアントとのコミュニケーションのディープな取り方と評価することもできるだろう。しかし石滋成にとってそれらはまったく意識されていない。

せいぜい先述した60年前、中学生の時に聞いた胡適博士の「大胆的仮説、小心的求証」

を座右の銘としてそれを判断基準にしているだけといっていい。

石滋成という人は記憶力が抜群にいい。取材中もその事実に何度も驚かされた。単なる商売感覚で生きてきたのではなく、毎日毎日を相手のことに気を遣い、相手のためになろうという意識が、一瞬一瞬の事実をしっかり脳に刻み込ませていった結果だろう。最高の品質を求めて深く掘り下げていく。求めあてた品質のものを知ってもらいたいと生産現場にクライアントをいちいち案内する。繰り返すが、それは打算でできることではない。

そうやって石滋成と彼が開発した100%原酒紹興老酒を知ったものは、この二つのものが一つのものであると自然に思い込み、紹興酒に込められた石滋成の志を自分も共有して販売に努めていく。

それが「商売があまり好きでない」という石滋成の商売のあり方。あの吉祥寺ハモニカ横丁の手塚一郎をして「商売の神様」と言わせしめた石滋成の魅力の秘密である。

参考資料1

中国酒の分類

製法による分類

①醸造酒

材料を発酵させてつくる酒

②蒸留酒

材料を発酵させて作ったアルコール発酵液を、更に蒸留して作った酒

③混成酒

醸造酒、蒸留酒などを基にして、いろいろな香料、薬草、などを配合して作った酒

①醸造酒

1 黄酒

中国に最も古くからある酒。原料に江南地方では糯米を使い、華北や東北地方では糯黍を使う。麹には麦麹を使う。酒類には紹興酒、山東黄酒、福建老酒などがあるが紹興酒が最も有名。

2 果実酒

葡萄酒は中国果実酒の大半。赤葡萄酒、白葡萄酒に大別される。

3 奶酒

牛乳を発酵させたものと、それを蒸留したものがある。産地は蒙古、東北地方。

②蒸留酒

白酒

北方では庶民の飲料。中国産酒類中最も生産量が多い。酒精度は65度。麹の種類や産地別に様々な種類がある。

③混成酒

混成酒

醸造酒、蒸留酒を土台にしてその中に果物、花類、薬剤骨類などを直接漬けたりエキス分を入れたりして作る酒。

参考資料2

黄酒文化（紹興酒の歴史）　中国政府公布より抜粋

1. 紹興酒は中国の伝統特産品、世界三大醸造酒（紹興酒、葡萄酒、麦酒）の一つである。
紹興酒は中国の一番悠久歴史のある酒。〈呂氏春秋〉
約5千年前、農耕的進化、先民達の定居により、酒つくりの客観的条件が整えられ、原始的な酒造りが形成された。人々は自然生成の酒について、泡制（米を水に漬け込むこと）、人工曲糵《きょくま》（麦麹）を加え、原始的な紹興酒が生産された。中国醸造酒の始まりである。

2. 唐宋時代、醸造技術が発達した。北宋末期の文献〈北山酒経〉は醸造技術について指導的役割りを果たした。それまでは加熱殺菌の技術がなかったが、技術の向上により達成できた。
また、その後、ブレンドすることによって味の均一化が可能になり、大量生産できるようになった。

3. 紹興酒には18種類のアミノ酸を含有、その中に人体で合成できない8種類の必須アミノ酸がある。

4. 清代から中華民国初期、紹興酒は世界に広がり、１９１０年南京で開催した南洋勧業大会で、沈永和酒廠の紹興酒は金賞獲得、1915年アメリカサンフランシスコで開催のアメリカパナマ太平洋万国博覧会で紹興云集信記酒房は金賞獲得、1929年杭州の西湖博覧会で沈永和酒廠は金賞獲得。このように多くの金賞に輝いたお陰で、紹興酒は人気抜群、生産と販売が躍進した。

5. 中華人民共和国成立後、国の指導者は三代続いて紹興酒に対し関心を持ち、大の紹興酒愛好家である。1952年周恩来総理は自から紹興酒中央倉庫改修工事を命じ、数回にわたり外国要人に紹興酒を進めた。鄧小平は毎晩一杯の紹興酒を飲むことで有名。1995年5月、江沢民総書記は自ら中国紹興黄酒集団公司に出向き、紹興酒を試飲、随行人に紹興酒は最高なお酒、その場で「中国黄酒天下一絶」と揮筆。

6. 製造者は、大先輩が残したこの宝を保護し、盗み取られることを防止しなければならない。紹興酒は国家八大銘酒の一つ、国の釣魚台国賓宴会専用酒。日本天皇及びニクソン大統領にも贈呈した。1997年香港回帰慶典時のお酒である。

以上

⑤

⑥

⑦

⑧

⑨

⑩

参考資料3　紹興酒のつくり方

①もち米を浸水⇒②蒸米⇒③蒸した米に麹と水を加える⇒④一次発酵（10日間）・攪拌⇒⑤24 Lの甕に移す⇒⑥二次発酵（100日間）⇒⑦大甕に移し換え、布袋に入れる⇒⑧圧搾・清澄⇒煎酒（90℃・瞬間殺菌）⇒⑨甕の中に密封⇒⑩熟成（3年以上）⇒ろ過⇒瓶詰⇒殺菌（80℃・15分）⇒箱詰⇒完成

※ほとんどが、手造りであるため、人の手によって造られております。特に④の一次発酵では、昼夜を問わず、温度を一定に保つため、作業員が交代で攪拌しております。

①

②

③

④

紹興酒の熟成風景

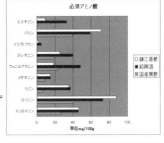

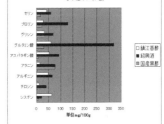

参考文献

桑原才介『繁盛する店が美味しいのだ』（１９８３年、商業界）
桑原才介『六本木高感度ビジネス』（１９８５年、洋泉社）
桑原才介『「都市ごころ」を読め』（１９８７年、ＴＢＳブリタニカ）
桑原才介『高快度店を創る』（１９９０年、世界文化社）
桑原才介『飲食トレンド最前線』（１９９９年、商店建築社）
桑原才介『吉祥寺　横丁の逆襲』（２０１２年、言視舎）
「専門料理」（柴田書店）２０１６年5月号創刊50周年特別号

[著者紹介]
桑原才介（くわばら・さいすけ）
1940年生まれ。外食産業コンサルタント。株式会社クワケン（桑原経営研究所）代表取締役。早稲田大学文学部中退後、ホテル、レストランでの勤務を経て、多くの商業飲食施設の開設に携わる。外食産業におけるトレンド分析、業態開発の第一人者として、日経新聞を中心に、経済誌・業界誌に寄稿してきた。
著書に『繁盛する店が美味しいのだ』（商業界）、『六本木高感度ビジネス』（洋泉社）、『「都市こごろ」を読め』（ＴＢＳブリタニカ）、『吉祥寺　横丁の逆襲』（言視舎）、『居酒屋甲子園の奇跡』（筑摩書房）などがある。

装丁………佐々木正見
DTP制作………勝澤節子
編集協力………田中はるか

紹興酒革命！　100%原酒に挑む男

発行日❖2020年1月31日　初版第1刷

著者
桑原才介

発行者
杉山尚次

発行所
株式会社言視舎
東京都千代田区富士見2-2-2 〒102-0071
電話 03-3234-5997　FAX 03-3234-5957
https://www.s-pn.jp/

印刷・製本
中央精版印刷㈱

ISBN978-4-86565-168-3 C0036